高等教育 装配式建筑系列教材

装配式混凝土建筑概论

（第2版）

主　编
刘晓晨　王　鑫　李洪涛　郑卫锋

副主编
张静晓　李晓文　刘　庆　赵　娜

参　编
刘政延　王志浩　付光辉　刘可定

主　审
王全杰

重庆大学出版社

内容提要

本书是《高等教育装配式建筑系列教材》之一。教材以装配式混凝土建筑为主，简要介绍钢结构和木结构装配式建筑，让学生对装配式建筑有比较全面的认识。全书分10章，介绍了装配式混凝土建筑的发展现状、结构体系与部品构件、常用材料与构造、设计技术、构件生产、装配施工技术、建筑质量控制与验收、安全与文明施工、装配式人才培养等。本书内容紧贴行业政策和规范、规程，大量参考装配式建筑企业的生产工艺和标准制度，并配套优质的数字化教学资源，便于教学。

本教材适合作为高等职业教育和应用型本科建筑工程方向的教材使用，也可作为建筑从业人员自学和培训用书。

图书在版编目(CIP)数据

装配式混凝土建筑概论 / 刘晓晨等主编. -- 2版
. -- 重庆 : 重庆大学出版社,2021.7(2023.6重印)
高等教育装配式建筑系列教材
ISBN 978-7-5689-1141-2

Ⅰ.①装… Ⅱ.①刘… Ⅲ.①装配式混凝土结构—高等学校—教材 Ⅳ.①TU37

中国版本图书馆CIP数据核字(2021)第149965号

装配式混凝土建筑概论
(第2版)
主 编 刘晓晨 王 鑫 李洪涛 郑卫锋
责任编辑:林青山 版式设计:林青山
责任校对:关德强 责任印制:赵 晟
*
重庆大学出版社出版发行
出版人:饶帮华
社址:重庆市沙坪坝区大学城西路21号
邮编:401331
电话:(023) 88617190 88617185(中小学)
传真:(023) 88617186 88617166
网址:http://www.cqup.com.cn
邮箱:fxk@cqup.com.cn (营销中心)
全国新华书店经销
重庆升光电力印务有限公司印刷
*
开本:787mm×1092mm 1/16 印张:10.25 字数:232千
2018年8月第1版 2021年8月第2版 2023年6月第8次印刷
印数:20 501—22 500
ISBN 978-7-5689-1141-2 定价:49.00元

前 言

Preface

城市化进程的历史经验表明，城市化往往需要牺牲生态环境和消耗大量资源来进行城市建设。我国城镇化正处于快速发展期，至2025年全国城镇化率将达到60%以上，城镇化率每提高1%，就要新增城市用水17亿 m^3，消耗标准煤6 000万t。按照城市化进程新增住宅和原有改善居住条件需求计算，到2030年，我国住宅需要量将超过目前1倍以上。现有建筑行业发展很大程度上仍依赖高速增长的固定资产投资规模，发展模式粗放，工业化、信息化、标准化水平偏低，管理手段落后，建造资源耗费量大，同时面临劳动力成本上升和劳动力短缺的状况。因此，综合考虑快速城市化的可持续发展问题，改变建筑业的传统生产方式，大力推进建筑产业现代化是城市可持续发展的重要战略，而实现建筑产业现代化的有效途径是新型建筑工业化，发展装配式建筑。

2016年2月6日，《中共中央国务院关于进一步加强城市规划建设管理工作的若干意见》及2016年9月27日国务院常务会议审议通过的《关于大力发展装配式建筑的指导意见》中提出，10年内我国新建建筑中，装配式建筑比例将达到30%。由此，我国每年将建造几亿平方米装配式建筑，这个规模和发展速度在世界建筑产业化进程中是前所未有的，我国建筑业面临巨大的转型和产业升级的压力。因此，按期完成既定目标，培养成千上万名技术人才刻不容缓。

基于对我国建筑业经济结构转型升级、供给侧改革和行业发展趋势的认识，为推进建筑产业现代化，适应新型建筑工业化的发展要求，大力推广应用装配式建筑技术，指导高等院校和企业正确掌握装配式建筑技术原理和方法，便于工程技术人员在工程实践中操作和应用，我们组织编写了本书。本书主要由辽宁城市建设职业技术学院、广联达科技股份有限公司、北京榆构有限公司，采用校企合作的模式共同编写、开发完成，由“建筑云课”提供在线微课支持服务，并得到了黑龙江建筑职业技术学院赵研教授的指导。本书的编写以装配式建筑国家和行业最新的规范、规程为依据，结合大量装配式混凝土建筑设计、生产、施工和管理经验，吸收了大量新工艺、新技术、新设备、新方法，层次分明，通俗易懂，便于读者快速了解装配式混凝土建筑的相关知识。

由于编者的水平有限，书中难免有疏漏、不足之处，真诚欢迎广大读者批评指正。

编　者

2018年4月

目　录

Contents

第1章 装配式混凝土建筑概述

1.1 装配式混凝土建筑发展背景

1.1.1 发展的现实需求

建筑业在国民经济中的作用十分突出，是名副其实的支柱产业。在全面建成小康社会、实现中华民族伟大复兴的中国梦过程中，建筑行业责任巨大。我国自改革开放以来，建筑行业蓬勃发展，不仅为人民提供了适用、安全、经济、美观的居住和生产生活环境，提高了人民的生活水平，还改善了城市与乡村的面貌，推进了城市化的进程。

然而，随着我国各个领域都取得了巨大的发展，建筑行业传统的生产施工方式已经遇到了严重的瓶颈，暴露出了诸多严重的问题。这主要体现在以下几个方面。

(1)环境污染严重

我国建筑业传统的施工方式多为粗放式生产，造成了环境严重的污染和破坏，影响了我们的生存质量(图1.1)。现场土方工程量大，湿作业工作量大，加之文明施工和环境保护的技术措施得不到切实有效的监管和落实，导致建筑业对环境污染严重。

图1.1 建筑业污染严重

(2)建设效率偏低

传统的施工方式中，绝大多数的施工环节都是在施工现场完成。受施工现场作业环境的影响，施工机械应用效率大打折扣，很多施工环节需要依靠建筑工人手工完成，这严重影响了建设工程的生产效率。

此外，由于施工现场有大量的湿作业内容，而现场湿作业构件需要足够的养护时间，这必然影响相关工序的进行,进而影响建设效率。

(3)管理模式落后

目前,我国多数建设项目的勘察、设计、施工以及材料供应工作是由不同的企业负责完成,而各企业之间往往得不到良好、有效的沟通,甚至个别企业只考虑本方企业的利益,而对项目的整体效益漠不关心,从而导致各方的意图得不到很好理解,错误得不到及时纠正,而这些都会为建设项目埋下隐患。

(4)可预见的用工荒

传统施工方式的建筑工地现场,需要大量的建筑工人从事各工种的手工作业和机械操作。手工作业的建筑工人工作强度高、环境差,且相对其他工作具有一定的危险。这样的工作条件导致这类工作岗位的从业人员流失严重,并且有意愿投身这类工作岗位的人员越来越少,可以预见不久的将来建筑行业将会出现用工荒。

(5)其他问题

建筑行业传统的施工方式还存在其他一些问题,如工期较长、从业人员素质普遍偏低等,这些都在阻碍建筑行业的进一步发展。

基于以上这些问题,我国的建筑行业急需进行产业升级,转变生产和施工的方式,以迎合新时期、新形势对建筑行业的要求。

1.1.2　发展的支持条件

建筑行业的产业升级不能盲目冒进,需要在有利的现实基础的支持下逐步推进。目前建筑行业对产业转型升级的支持条件,主要表现在以下几个方面。

(1)现阶段建筑的结构性能安全可靠

目前,我国钢筋混凝土结构的建筑主要采用现场浇筑的施工方式。现浇结构施工技术经过数十年的积累和沉淀,在结构的安全性上已经相当成熟。只要严格按照国家和行业要求进行合理的勘察、设计、施工、监理以及材料供应与采购,在合理的使用荷载以及小震状态下,绝大多数建筑物都表现出良好的结构性能。

2008 年的汶川特大地震,据民政局统计,共倒塌房屋 696 万间,但其中城镇房屋占比不到两成。数据和事实表明,凡是 20 世纪 90 年代开始执行 89 版抗震规范后新建和加固的房屋基本上未倒塌,确保大震时人的生命安全,实现了“小震不坏,中震可修,大震不倒”的设计要求。再以成都市为例,其设防烈度 7 度,而地震实际烈度也是 7 度,即使成都市发生中震,其房屋也很少出现开裂损坏,尤其是 20 世纪 90 年代以后新建和加固的房屋基本上处于“中震可修”,甚至是“中震不坏”的状态。

基于目前建筑行业技术成熟,建造出的房屋安全可靠的现实基础,建筑行业可以在保持良好的产品质量的同时,探索更环保、更高效、更精准、更机械化、更节约的生产方式。

(2)生产施工能力较高

改革开放以来,尤其是进入 21 世纪后,我国城市化建设的步伐加快。各个城市政治、经济、文化和体育事业的发展,都需要建筑行业提供良好的基础设施。面对巨大的需求压力,我国建筑行业表现出了较高的生产和施工能力。这种较高的生产和施工能力,不仅体现在能够完成大规模的生产任务上,还体现在良好的现场吊装能力、运输能力、成品保护能力等。

(3)国外大量先进经验可借鉴

我国建筑行业虽蓬勃发展、成绩喜人,但相比世界上的发达国家仍处于相对落后的地位。但正因为一些发达国家在建筑业发展方向的探索上走在了前面,形成了它们的建造体系,我们在建筑行业产业升级上才有了可以学习和借鉴的研究成果。我们通过总结各国建筑业发展的经验和教训,再结合我国国情和建筑行业的能力水平,可以探索出适合我国建筑行业转型发展的道路。

1.2 建筑产业现代化与装配式建筑

新时期新形势下,我国建筑行业必须优化产业结构,加快建设速度,改善劳动条件,提高劳动生产率,使建筑业走上集约型、效益型的道路。在研究和吸取了我国近几十年建筑行业的发展经验和教训,充分考虑了我国目前的建筑业技术发展状况、地区差异以及劳动力资源供应等情况,国家提出要大力发展建筑产业现代化,全面推进装配式建筑。

1.2.1 建筑产业现代化

建筑产业现代化是以绿色发展为理念,以住宅建设为重点,以新型建筑工业化为核心,广泛运用现代科学技术和管理方法,以工业化、信息化的深度融合对建筑全产业链进行更新、改造和升级,实现传统生产方式向现代工业化生产方式转变,从而全面提高建筑工程的效率、效益和质量。

建筑产业现代化是整个建筑产业链的现代化,把建筑工业化向前端的产品开发、下游的建筑材料、建筑能源甚至建筑产品的销售延伸,是整个建筑行业在产业链条内资源的更优化配置。建筑产业现代化不仅强调技术的主导作用,更强调了技术与经济和市场的结合。其基本内涵表现为:

(1)最终产品绿色化

20世纪80年代人类提出“可持续发展”理念,党的十五大明确提出中国现代化建设必须实施可持续发展战略。传统建筑业资源消耗大、建筑能耗大、扬尘污染物排放多、固体废弃物利用率低。党的十八大提出了“推进绿色发展、循环发展、低碳发展”和“建设美丽中国”的战略目标。面对来自建筑节能环保方面的更大挑战,2013年国家启动了《绿色建筑行动方案》,在政策层面导向上表明了要大力发展节能、环保、低碳的绿色建筑。党的十八届五中全会强调,实现“十三五”时期发展目标,必须牢固树立并切实贯彻创新、协调、绿色、开放、共享的发展理念。

(2)建筑生产工业化

建筑生产工业化是建筑产业化的核心。建筑生产工业化是指用现代工业化的大规模生产方式代替传统的手工业生产方式来建造建筑产品。目前,建筑生产工业化主要是指在建筑产品形成过程中，有大量的建筑构配件可以通过工业化和工厂化的生产方式进行生产，从而最大限度地加快建设速度，改善作业环境，保障工程质量和安全生产，提高劳动生产率，降低劳动强度，减少资源消耗和污染物排放，以合理的成本和工期来建造适合各种使用要求的建筑。

(3)全产业链集成化

借助于信息技术手段，用整体综合集成的方法把工程建设的全部过程组织起来，使设计、采购、施工、机械设备和劳动力实现资源配置更加优化组合，采用工程总承包的组织管理模式，在有限的时间内发挥最有效的作用，提高资源的利用效率，创造更大的效用价值。

(4)管理人员高素质化

新形势下建筑行业的发展要求建筑行业的管理人员必须具备高素质。为了保证建筑工程项目的顺利进行，实现工程建设的既定目标，无论是建设项目的管理人员，还是建筑企业的管理人员，都必须具备懂法守信、技术精湛、吃苦耐劳、懂管理善经营的素质。这样一支高层次、复合型的建筑行业管理人才队伍是促进和实现建筑业发展的强大动力。

(5)产业工人技能化

随着建筑业科技含量的提高，繁重的体力劳动将逐步减少，复杂的技能型操作工序将大幅度增加，对操作工人的技术能力也提出了更高的要求。因此，实现建筑产业现代化急需强化职业技能培训与考核持证，促进有一定专业技能水平的农民工向高素质的新型产业工人转变。

建筑产业现代化对于住房城乡建设领域的可持续发展具有革命性、根本性和全局性的重要意义。建筑产业现代化是生产方式的变革，是传统生产方式向现代工业化生产方式转变的过程；是解决建筑工程质量、安全、效率、效益、节能、环保、低碳等一系列重大问题的根本途径；是解决房屋建造过程中设计、生产、施工、管理之间相互脱节，生产方式落后问题的有效途径；是解决当前建筑业劳动力成本提高、劳动力和技术工人短缺以及提高建筑工人素质的必然选择；是推动我国建筑业以及住房城乡建设领域的转型升级，实现国家新型城镇化发展、节能减排战略的重要举措。

1.2.2　装配式建筑

装配式建筑是指结构系统、外围护系统、设备与管线系统、内装系统的主要部分采用预制部品部件集成的建筑。其中，建筑的结构系统由混凝土部件(预制构件)构成的装配式建筑，称为装配式混凝土建筑。

装配式建筑把传统建造方式中的大量现场作业转移到工厂进行，在工厂加工制作好建筑用部品部件，运输到建筑施工现场，通过可靠的连接方式在现场装配而成。装配式建筑主要包括装配式混凝土建筑、装配式钢结构建筑和装配式木结构建筑。装配式建筑采用标准化设计、工厂化生产、装配化施工、信息化管理、一体化装修和智能化应用，是现代工业化的生产方式。大力发展装配式建筑，是推进建筑业转型发展的重要方式。

装配式建筑的特点主要体现在以下几方面：

(1)标准化设计

标准化设计是指在一定时期内,面向通用产品,采用共性条件,制定统一的标准和模式,开展的适用范围比较广的设计,适用于技术上成熟,经济上合理,市场容量充裕的产品设计。装配式建筑标准化设计的核心是建立标准化的部品部件单元。当装配式建筑所有的设计标准、手册、图集建立起来以后,建筑物的设计不再是像现在一样要对宏观到微观的所有细节进行逐一计算、绘图,而是可以像机械设计一样选择标准件,满足功能要求。

装配式建筑采用标准化设计,可以保证设计质量,进而提高工程质量;可以减少重复劳动,加快设计速度;有利于采用和推广新技术;便于实行构配件生产工厂化、装配化和施工机械化,提高劳动生产率,加快建设进度;有利于节约建设材料,降低工程造价,提高经济效益。

(2)工厂化生产

工厂化生产是指在人工创造的环境(如工厂)中进行全过程的作业,从而摆脱自然界的制约,是能够综合运用现代高科技、新设备和管理方法而发展起来的一种全面机械化、自动化、技术高度密集型的生产。

工厂化生产是推进装配式建筑的主要环节。建筑行业传统的现场作业施工方式中,受施工条件和环境的影响,机械化程度低,普遍采用的是过度依赖一线工人手工作业的人海战术,效益低下,误差控制往往只能达到公分级,且人工成本高。采用工厂化生产,可以采用机械化手段,运用先进的管理方法,从而提高工程效益,降低成本,并提高工程施工精度。此外,将大量作业内容转移到工厂里,不仅改善了建筑工人的劳动条件,对于实现节能、节地、节水、节材、环境保护的“四节一环保”目标,也具有非常重要的促进作用。

(3)装配化施工

装配式施工是通过一定的施工方法及工艺,将预先制作好的部品部件可靠地连接成所需要的建筑结构造形的施工方式。装配式施工可以加快施工进度,提供劳动生产率,减少施工现场作业人员,同时降低模板工程量,减少施工现场的污染排放。装配式施工是绿色施工的重要抓手,也是对可持续发展理念的重要实践和运用,对促进建筑业的转型升级具有非常积极的作用。

(4)信息化管理

信息化管理是以信息化带动工业化,实现行业管理现代化的过程。它是指将现代信息技术与先进的管理理念相融合,转变行业的生产方式、经营方式、业务流程、传统管理方式和组织方式,重新整合内外部资源,提高效率和效益。

对于装配式建筑而言,信息技术的广泛应用会集成各种优势并互补,实现标准化和集约化发展。加之信息的开放性,可以调动人们的积极性并促使工程建设各阶段、各专业主体之间信息、资源共享,解决很多不必要的问题,有效地避免各行业、各专业之间不协调问题,加速工期进程,从而有效解决设计与施工脱节、部品与建造技术脱节等中间环节的问题,提高效率。

(5)一体化装修

一体化装修是指将装修工作与预制构件的设计、生产、制作、装配施工一体化来完成,也就是实现装饰装修与主体结构的一体化。一体化装修将装修功能条件前置,管线安装、墙面装饰、部品安装一次完成到位,避免重复浪费。事先统一进行建筑构件上的孔洞预留和装修面层固定件的预埋,避免在装修施工阶段对已有建筑构件打凿、穿孔,既保证了结构的安全性,又减少了噪声和建筑垃圾。

(6)智能化应用

装配式建筑智能化应用,是指以建筑为平台,兼备建筑设备、办公自动化及通信网络系统,集结构、系统、服务、管理及它们之间的最优化组合,向人们提供一个安全、高效、舒适、便利的建筑环境。建筑的智能化应用目前尚处于初级起步阶段,主要是应用于安全防护系统和通信及控制系统,不过随着科学技术的进步和人们对其功能要求的提高,建筑的智能化应用一定会迎来进一步的发展(图 1.2)。

图 1.2 装配式建筑智能化应用

发展装配式建筑是实施推进"创新驱动发展、经济转型升级"的重要举措,也是切实转变城市建设模式,建设资源节约型、环境友好型城市的现实需要。发展装配式建筑是推进新型建筑工业化的一个重要载体和抓手。要实现国家和各地方政府目前既定的建筑节能减排目标,达到更高的节能减排水平,实现全寿命过程的低碳排放综合技术指标,发展装配式建筑产业是一个有效且重要的途径。

1.3 我国装配式混凝土建筑的发展历程

1)起步阶段

我国装配式混凝土建筑起源于 20 世纪 50 年代。那时新中国刚刚成立,全国处在百废待兴的状态,发展建筑行业,为人民提供和改善居住环境,迫在眉睫。当时,我国著名建筑学家梁思成先生就已经提出了"建筑工业化"的理念,并且这一理念被纳入了新中国第一个

"五年计划"中。借鉴苏联和东欧国家的经验,我国建筑行业大力推行标准化、工业化和机械化,发展预制构件和装配式施工的房屋建造方式。1955年,北京第一建筑构件厂在北京东郊百子湾兴建;1959年,我国采用预制装配式混凝土技术建成了高达12层的北京民族饭店(图1.3)。这些事件标志着我国装配式混凝土建筑已经起步。

图1.3　北京民族饭店

2)持续发展阶段

20世纪60年代初到80年代初期,我国装配式混凝土建筑进入了持续发展阶段,多种装配式建筑体系得到了快速发展(图1.4)。其原因有以下几点:

图1.4　1976年建成的北京小黄庄12层装配式住宅楼

①当时各类建筑标准不高,形式单一,易于采用标准化方式建造。

②当时的房屋建筑抗震性能要求不高。

③当时的建筑行业建设总量不大,预制构件厂的供应能力可满足建设要求。

④当时我国资源相对匮乏,木模板、支撑体系和建筑用钢筋短缺。

⑤计划经济体制下施工企业采用固定用工制,预制装配式施工方式可减少现场劳动力投入。

3)低潮阶段

1976 年我国遭受了唐山大地震。地震中预制装配式房屋破坏严重,其结构整体性、抗震性差的缺点暴露明显。加之随着我国经济的发展,建筑业建设规模急剧增加,建筑设计也呈现了个性化、多样化的特点,而当时的装配式生产和施工能力无法满足新形式的要求。我国装配式混凝土建筑在 20 世纪 80 年代遭遇低潮,发展近乎停滞。而随着农民工大量进入城镇,导致劳动力成本降低,加之各类模板、脚手架的普及以及商品混凝土的广泛应用,现浇结构施工技术得到了广泛的应用。

4)新发展阶段

如今,随着改革开放的深化和我国经济快速的发展,针对劳动力出现紧缺的情况,以及在节能环保的时代要求下,建筑行业与其他行业一样都在进行工业化技术改造,预制装配化建筑又开始焕发出新的生机。

2017 年 11 月,住房与城乡建设部认定了 30 个城市和 195 家企业为第一批装配式建筑示范城市和产业基地。示范城市分布在东、中、西部,装配式建筑发展各具特色;产业基地涉及 27 个省、自治区、直辖市和部分央企,产业类型涵盖设计、生产、施工、装备制造、运行维护等全产业链。在试点示范的引领带动下,装配式建筑已经形成在全国推进的格局(图 1.5)。

图 1.5 新发展阶段的装配式建筑

1.4 装配式建筑评价标准

装配式建筑的装配化程度由装配率来衡量。装配率是指单体建筑室外地坪以上的主体结构、围护墙和内隔墙、装修和设备管线等采用预制部品部件的综合比例。构成装配率的衡量指标相应包括装配式建筑的主体结构、围护墙和内隔墙、装修与设备管线等部分的装配比例。

1)评价单元的确定

装配式建筑的装配率计算和装配式建筑等级评价应以单体建筑作为计算和评价单元,并应符合下列规定:

①单体建筑应按项目规划批准文件的建筑编号确认。

②建筑由主楼和裙房组成时,主楼和裙房可按不同的单体建筑进行计算和评价。

③单体建筑的层数不大于 3 层;且地上建筑面积不超过 500 m^2 时,可由多个单体建筑组成建筑组团作为计算和评价单元。

2)评价的分类

为保证装配式建筑评价质量和效果,切实发挥评价工作的指导作用,装配式建筑评价分为预评价和项目评价,并符合下列规定:

①设计阶段宜进行预评价，并应按设计文件计算装配率。预评价的主要目的是促进装配式建筑设计理念尽早融入项目实施中。如果预评价结果满足控制项要求，评价项目可结合预评价过程中发现的不足，通过调整和优化设计方案，进一步提高装配化水平；如果预评价结果不满足控制项要求，评价项目应通过调整和修改设计方案使其满足要求。

②项目评价应在项目竣工验收后进行，并应按竣工验收资料计算装配率和确定评价等级。评价项目应通过工程竣工验收后再进行项目评价，并以此评价结果作为项目最终评价结果。

3）认定评价标准

装配式建筑应同时满足下列4项要求：

（1）主体结构部分的评价分值不低于20分

主体结构包括柱、支撑、承重墙、延性墙板等竖向构件以及梁、板、楼梯、阳台、空调板等水平构件。这些构件是建筑物主要的受力构件，对建筑物的结构安全起到决定性的作用。推进主体结构的装配化对于发展装配式建筑有着非常重要的意义。

（2）围护墙和内隔墙部分的评价分值不低于10分

新型建筑墙体的应用对提高建筑质量和品质、改变建造方式等都具有重要意义。积极引导和逐步推广新型建筑墙体也是装配式建筑的重点工作。非砌筑是新型建筑墙体的共同特征之一。将围护墙和内隔墙采用非砌筑类型墙体作为装配式建筑评价的控制项，也是为了推动其更好地发展。非砌筑类型墙体包括采用各种中大型板材、幕墙、木材及复合材料的成品或半成品复合墙体等，满足工厂生产、现场安装、以“干法”施工为主的要求。

外围护墙和内隔墙采用非砌筑墙体的最低应用比例要求达到50%。制定这一规定，一是综合考虑了各种民用建筑的功能需求和装配式建筑工程实践中的成熟经验；二是按照适度提高标准，具体措施切实可行的原则。

（3）采用全装修

全装修是指建筑功能空间的固定面装修和设备设施安装全部完成，达到建筑使用功能和建筑性能的基本要求。

发展建筑全装修是实现建筑标准提升的重要内容之一。不同建筑类型的全装修内容和要求可能是不同的。对于居住、教育、医疗等建筑类型，在设计阶段即可明确建筑功能空间对使用和性能的要求及标准，应在建造阶段实现全装修。对于办公、商业等建筑类型，其建筑的部分功能空间对使用和性能的要求及标准等，需要根据承租方的要求进行确定时，应在建筑公共区域等非承租部分实施全装修，并对实施“二次装修”的方式、范围、内容等做出明确规定；评价时可结合两部分内容进行。

（4）装配率不低于50%

此外，装配式建筑宜采用装配化装修。装配化装修是将工厂生产的部品部件在现场进行组合安装的装修方式，主要包括干式工法楼面地面、集成厨房、集成卫生间、管线分离等。

集成厨房是指地面、吊顶、墙面、橱柜、厨房设备及管线等通过集成设计、工厂生产，在工地主要采用干式工法装配完成的厨房。集成厨房多指居住建筑中的厨房。集成卫生间是指地面、吊顶、墙板和洁具设备及管线等通过集成设计、工厂生产,在工地主要采用干式工法装配完成的卫生间。集成卫生间充分考虑卫生间空间的多样组合或分隔,包括多器具的集成卫生间产品和仅有洗面、洗浴或便溺等单一功能模块的集成卫生间产品。集成厨房和集成卫生间是装配式建筑装饰装修的重要组成部分,其设计应按照标准化、系列化原则,并符合干式工法施工的要求,在制作和加工阶段全部实现装配化。

4)装配率计算方法

(1)装配率总分计算

装配率应根据表1.1中评价项得分值,按式(1.1)计算:

$$P=(Q_1+Q_2+Q_3)/(100-Q_4)\times 100\% \tag{1.1}$$

式中 P——装配率;

Q_1——主体结构指标实际得分值;

Q_2——围护墙和内隔墙指标实际得分值;

Q_3——装修与设备管线指标实际得分值;

Q_4——评价项目中缺少的评价项分值总和。

表1.1 装配式建筑评分表

评价项		评价要求	评价分值	最低分值
主体结构(50分)	柱、支撑、承重墙、延性墙板等竖向构件	35%≤比例≤80%	20~30*	20
	梁、板、楼梯、阳台、空调板等构件	70%≤比例≤80%	10~20*	
围护墙和内隔墙(20分)	非承重围护墙非砌筑	比例≥50%	5	10
	围护墙与保温、隔热、装饰一体化	50%≤比例≤80%	2~5*	
	内隔墙非砌筑	比例≥80%	5	
	内隔墙与管线、装修一体化	50%≤比例≤80%	2~5*	
装修和设备管线(30分)	全装修	—	6	6
	干式工法楼面、地面	比例≥70%	6	—
	集成厨房	70%≤比例≤90%	3~6*	
	集成卫生间	70%≤比例≤90%	3~6*	
	管线分离	50%≤比例≤70%	4~6*	

注:表中带“*”项的分值采用“内插法”计算,计算结果取小数点后1位。

(2)柱、支撑、承重墙、延性墙板等主体结构竖向构件应用比例计算

柱、支撑、承重墙、延性墙板等主体结构竖向构件主要采用混凝土材料时,预制部品部件的应用比例应按式(1.2)计算:

$$q_{1a}=V_{1a}/V\times 100\% \tag{1.2}$$

式中 q_{1a}——柱、支撑、承重墙、延性墙板等主体结构竖向构件中预制部品部件的应用比例;

V_{1a}——柱、支撑、承重墙、延性墙板等主体结构竖向构件中预制部品部件中预制混凝土体积之和；

V——柱、支撑、承重墙、延性墙板等主体结构竖向构件混凝土总体积。

当符合下列规定时，主体结构竖向构件间连接部分的后浇混凝土可计入预制混凝土体积计算：

①预制剪力墙墙板之间宽度不大于600 mm的竖向现浇段和高度不大于300 mm的水平后浇带、圈梁的后浇混凝土体积；

②预制框架柱框架梁之间柱梁节点的后浇混凝土体积；

③预制柱间高度不大于柱截面较小尺寸的连接区后浇混凝土体积。

(3)梁、板、楼梯、阳台、空调板等构件应用比例计算

梁、板、楼梯、阳台、空调板等构件中预制部品部件的应用比例应按式(1.3)计算：

$$q_{1b}=A_{1b}/A\times100\% \tag{1.3}$$

式中 q_{1b}——梁、板、楼梯、阳台、空调板等构件中预制部品部件的应用比例；

A_{1b}——各楼层中预制装配梁、板、楼梯、阳台、空调板等构件的水平投影面积之和；

A——各楼层建筑平面总面积。

预制装配式楼板、屋面板的水平投影面积可包括：

①预制装配式叠合楼板、屋面板的水平投影面积。

②预制构件间宽度不大于300 mm的后浇混凝土带水平投影面积。

③金属楼承板和屋面板、木楼盖和屋盖及其他在施工现场免支模的楼盖和屋盖的水平投影面积。

(4)非承重围护墙中非砌筑墙体应用比例

非承重围护墙中非砌筑墙体应用比例应按式(1.4)计算：

$$q_{2a}=A_{2a}/A_{w1}\times100\% \tag{1.4}$$

式中 q_{2a}——非承重围护墙中非砌筑墙体的应用比例；

A_{2a}——各楼层非承重围护墙中非砌筑墙体的外表面积之和，计算时可不扣除门、窗及预留洞口等的面积；

A_{w1}——各楼层非承重围护墙外表面总面积，计算时可不扣除门、窗及预留洞口等的面积。

(5)围护墙采用墙体、保温、隔热、装饰一体化的应用比例

围护墙采用墙体、保温、隔热、装饰一体化的应用比例应按式(1.5)计算：

$$q_{2b}=A_{2b}/A_{w2}\times100\% \tag{1.5}$$

式中 q_{2b}——围护墙采用墙体、保温、隔热、装饰一体化的应用比例；

A_{2b}——各楼层围护墙采用墙体、保温、隔热、装饰一体化的墙面外表面积之和，计算时可不扣除门、窗及预留洞口等的面积；

A_{w2}——各楼层围护墙外表面总面积，计算时可不扣除门、窗及预留洞口等的面积。

(6)内隔墙中非砌筑墙体的应用比例

内隔墙中非砌筑墙体的应用比例应按式(1.6)计算:

$$q_{2c}=A_{2c}/A_{w3}\times 100\% \tag{1.6}$$

式中 q_{2c}——内隔墙中非砌筑墙体的应用比例;

A_{2c}——各楼层内隔墙中非砌筑墙体的墙面面积之和,计算时可不扣除门、窗及预留洞口等的面积;

A_{w3}——各楼层内隔墙墙面总面积,计算时可不扣除门、窗及预留洞口等的面积。

(7)内隔墙采用墙体、管线、装修一体化的应用比例

内隔墙采用墙体、管线、装修一体化的应用比例应按式(1.7)计算:

$$q_{2d}=A_{2d}/A_{n3}\times 100\% \tag{1.7}$$

式中 q_{2d}——内隔墙采用墙体、管线、装修一体化的应用比例;

A_{2d}——各楼层内隔墙采用墙体、管线、装修一体化的墙面面积之和,计算时可不扣除门、窗及预留洞口等的面积;

A_{n3}——各楼层内隔墙外表面总面积,计算时可不扣除门、窗及预留洞口等的面积。

(8)干式工法楼面、地面的应用比例

干式工法楼面、地面的应用比例应按式(1.8)计算:

$$q_{3a}=A_{3a}/A\times 100\% \tag{1.8}$$

式中 q_{3a}——干式工法楼面、地面的应用比例;

A_{3a}——各楼层采用干式工法楼面、地面的水平投影面积之和。

(9)集成厨房干式工法应用比例

集成厨房的橱柜和厨房设备等应全部安装到位。墙面、顶面和地面中干式工法的应用比例应按式(1.9)计算:

$$q_{3b}=A_{3b}/A_{k}\times 100\% \tag{1.9}$$

式中 q_{3b}——集成厨房干式工法的应用比例;

A_{3b}——各楼层厨房墙面、顶面和地面采用干式工法的面积之和;

A_{k}——各楼层厨房的墙面、顶面和地面的总面积。

(10)集成卫生间干式工法应用比例

集成卫生间的洁具设备等应全部安装到位。墙面、顶面和地面中干式工法的应用比例应按式(1.10)计算:

$$q_{3c}=A_{3c}/A_{b}\times 100\% \tag{1.10}$$

式中 q_{3c}——集成卫生间干式工法的应用比例;

A_{3c}——各楼层卫生间墙面、顶面和地面采用干式工法的面积之和;

A_{b}——各楼层卫生间墙面、顶面和地面的总面积。

(11)管线分离比例

管线分离比例应按式(1.11)计算:

$$q_{3d}=L_{3d}/L\times 100\% \tag{1.11}$$

式中 q_{3d}——管线分离比例；

L_{3d}——各楼层管线分离的长度，包括裸露于室内空间以及敷设在地面架空层、非承重墙体空腔和吊顶内的电气、给水排水和采暖管线长度之和；

L——各楼层电气、给水排水和采暖管线的总长度。

5）评价等级划分

当评价项目满足本节“认定评价标准”提到的4点要求且主体结构竖向构件中预制部品部件的应用比例不低于35%时，可进行装配式建筑等级评价。

装配式建筑评价等级应划分为A级、AA级、AAA级，并应符合下列规定：

①装配率达到60%～75%时，评价为A级装配式建筑；

②装配率达到76%～90%时，评价为AA级装配式建筑；

③装配率达到91%及以上时，评价为AAA级装配式建筑。

本节介绍的装配式建筑评价标准，适用于民用建筑的装配化程度评价，工业建筑的装配化程度评价参照执行。这里提到的民用建筑，包括居住建筑和公共建筑。装配式建筑评价除符合本节介绍的标准外，尚应符合国家现行有关标准的规定。

1.5 装配式钢结构和木结构建筑

电子版
扫码阅读

课后习题

1. 装配式建筑的特点主要体现在哪些方面？
2. 我国装配式混凝土建筑的发展经历了怎样的历程？
3. 什么是装配式装修？什么是集成厨房和集成卫生间？
4. 装配式建筑如何划分评价等级？

第2章　装配式混凝土建筑发展现状

2.1　国际发展现状

在20世纪20年代初，英、法、苏联等国家首先对装配式混凝土建筑作出尝试。第二次世界大战后，由于各国的建筑普遍遭受重创，加之劳动力资源短缺，为了加快住宅的建设速度，装配式混凝土建筑被广泛采用。

西方发达国家的装配式混凝土建筑经过几十年甚至上百年的发展，已经达到了相对成熟、完善的阶段。美国、德国、日本等国家和地区按照各自的经济、社会、工业化程度、自然条件的特点，选择了不同的发展道路和方式。

1）美国发展现状

美国的装配式混凝土住宅起源于20世纪30年代，1976年美国国会通过了国家工业化住宅建造及安全法案，同年开始出台一系列严格的行业规范标准。1991年美国PCI（预制预应力混凝土协会）年会上提出将装配式混凝土建筑的发展作为美国建筑业发展的契机，由此带来装配式混凝土建筑在美国20多年来长足的发展。目前，混凝土结构建筑中，装配式混凝土建筑的比例占到了35%左右，有30多家专门生产单元式建筑的公司；在美国同一地点，相比用传统方式建造的同样房屋，只需花不到50%的费用就可以购买一栋装配式混凝土住宅。

美国装配式混凝土建筑建材产品和部品部件种类齐全，构件通用化水平高，呈现商品化供应的模式，并且构件呈现大型化的趋势。基于美国建筑业强大的生产施工能力，美国装配式混凝土建筑的构件连接以干式连接为主，可以实现部品部件在质量保证年限之内的重复组装使用（图2.1）。

2）德国发展现状

德国是世界上工业化水平最高的国家之一。第二次世界大战后装配式混凝土建筑在德国得到广泛采用，经过数十年的发展，目前德国的装配式混凝土建筑产业链处在世界领先水平。建筑、结构、水暖电专业协作配套，施工企业与机械设备供应商合作密切，机械设备、材料和物流先进，高校、研究机构和企业不断为行业提供研发支持。

此外，德国是在降低建筑能耗上发展最快的国家。20世纪末，德国在建筑节能方面提出了“3升房”的概念，即每平方米建筑每年的能耗不超过3 L汽油。近几年，德国提出零能耗的“被动式建筑”的理念。被动式建筑除了保温性、气密性绝佳以外，还充分考虑对室内电器和人体热量的利用，可以用非常小的能耗将室内调节到合适的温度，非常节能环保（图2.2）。

图2.1　美国装配式建筑施工现场

图2.2　德国被动式建筑

3)日本发展现状

日本装配式建筑的研究是从1955年日本住宅公团成立时开始的,并以公团为中心展开。住宅公团的任务就是执行战后复兴基本国策,解决城市化过程中中低层收入人群的居住问题。20世纪60年代中期,日本装配式混凝土住宅有了长足发展,预制混凝土构配件生产形成独立行业,住宅部品化供应发展很快,但当时的装配式混凝土建筑尚处在为满足基本住房需求服务的阶段。1973年日本建立装配式混凝土住宅准入制度,标志着作为体系建筑的装配式混凝土住宅起步。从50年代后期至80年代后期,历时约30年,形成了若干种较为成熟的装配式混凝土住宅结构体系。1985年后,日本的装配式混凝土建筑达到了高品质住宅阶段。目前日本建筑业的工厂化水平高,预制构件与装修、保温、门窗等集成化程度高,并通过严格的立法和生产与施工管理来保证装配式混凝土构件和建筑的质量。

日本建筑行业推崇的结构形式是以框架结构为主,剪力墙结构等刚度大的结构形式很少得到应用。目前日本装配式混凝土建筑中,柱、梁、板构件的连接尚以湿式连接为主,但强大的构件生产、储运和现场安装能力对结构质量提供了强有力的保证,并且为设计方案的制订提供了更多可行的空间。以莲藕梁为例(图2.3),梁柱节点核心区整体预制,保证了梁柱连接的安全性,但误差容忍度低,我国建筑行业尚无法推广。

图 2.3　莲藕梁

日本国土地震频发且烈度高,因此装配式混凝土的减震隔震技术得到了大力的发展和广泛的应用。图 2.4 所示的软钢耗能器可以较好地起到减震隔震的作用,该项技术也被我国建筑企业借鉴和采用。

图 2.4　软钢耗能器

4)其他国家发展现状

新加坡的建筑行业受政府的影响较大。在政府的政策推动下,装配式混凝土建筑得到了良好的发展。以组屋项目(即保障房)为例,新加坡强制推行组屋项目装配化,目前装配率可达到 70% 。通过推行装配式混凝土建筑,新加坡不仅提高了房屋建造效率,还缓解了用工成本过高的问题。

加拿大作为美国的近邻,在发展装配式混凝土建筑的道路上借鉴了美国的经验和成果。目前加拿大混凝土建筑的装配率高,构件的通用性高,大城市多为装配式混凝土建筑和钢结构建筑,抗震设防烈度 6 度以下地区甚至推行全预制混凝土建筑。

法国在 1950—1970 年开始推行装配式混凝土建筑,经过几十年的发展目前已经比较完善，装配率达到80%。法国的装配式混凝土建筑多采用框架或者板柱体系，采用焊接等干式连接方法。

5）总结与启示

通过总结以上国家在发展装配式建筑的经验，我们得到以下启示：

①应结合自身的地理环境、经济与科技水平、资源供应水平选择装配式建筑的发展方向。例如，欧美各国普遍位于非地震区，且建筑物多以低层和多层为主，因此多推广普及干式连接施工方式；日本处于地震多发区，加之高层建筑较多，故推广普及等同现浇的湿式连接施工方式。英国结合本国的科技水平选择了发展装配式钢结构建筑的道路，瑞典等北欧国家由于木材资源丰富，故多以装配式木结构为主发展装配式建筑。

②政府应在发展装配式混凝土建筑过程中发挥积极的作用。成熟的装配式混凝土生产方式不仅绿色、环保、节能，还能降低项目的造价。但是，在推广装配式混凝土建筑的初期，由于其尚未形成规模，往往成本比传统施工方式高，并且部分企业的社会责任感不强，一味追求经济利益，故装配式混凝土建筑的竞争力相对较弱。因此，在推广初期，政府的积极推动对装配式混凝土建筑的发展具有十分关键的作用。

③完善装配式混凝土建筑产业链是发展装配式混凝土建筑的关键。美国、德国、日本等国家的装配式混凝土建筑发展，均得益于其完备的建筑产业链以及优秀的操作与管理能力。因此，完善行业生产的关键技术，提高产业工人的职业素质，提高部品部件的生产质量、物流能力和装配水平，完善质量管理和评价体系，是我国装配式建筑从业人员亟待完成的任务和使命。

2.2　我国发展现状

1）国家政策支持

我国政府和建设行业行政主管部门对推进建筑产业现代化、推动新型建筑工业化、发展装配式建筑给予了大力支持，国家对建筑行业转型升级的决心和重视程度不言而喻。

党的十八大报告提出，要坚定不移地走"新型工业化道路"。2015年11月，《建筑产业现代化发展纲要》（后文简称《纲要》）出台。《纲要》明确了未来5～10年建筑产业现代化的发展目标。《纲要》指出：到2020年，基本形成适应建筑产业现代化的市场机制和发展环境，建筑产业现代化技术体系基本成熟，形成一批达到国际先进水平的关键核心技术和成套技术，建设一批国家级、省级示范城市、产业基地、技术研发中心，培育一批龙头企业。装配式混凝土、钢结构、木结构建筑发展布局合理、规模逐步提高，新建公共建筑优先采用钢结构，鼓励农村、景区建筑发展木结构和轻钢结构。装配式建筑占新建建筑的比例20%以上，直辖市、计划单列市及省会城市30%以上，保障性安居工程采取装配式建造的比例达到40%以上。新开工全装修成品住宅面积比率30%以上。直辖市、计划单列市及省会城市保障性住房的全装修成品房面积比率达到50%以上。建筑业劳动生产率、施工机械装备率提高1倍。到2025年，建筑品质全面提升，节能减排、绿色发展成效明显，创新能力大幅提升，形成一批具有较强综合实力的企业和产业体系。装配式建筑占新建建筑的比例在50%以上,保障性安居工程采取装配式建造的比例达到60%以上。全面普及成品住宅,新开工全装修成品住宅面积比率50%以上,保障性住房的全装修成品房面积比率达到70%以上。

2016年2月6日,《中共中央国务院关于进一步加强城市规划建设管理工作的若干意见》发布。《意见》指出:大力推广装配式建筑,减少建筑垃圾和扬尘污染,缩短建造工期,提升工程质量。制定装配式建筑设计、施工和验收规范。完善部品部件标准,实现建筑部品部件工厂化生产。鼓励建筑企业装配式施工,现场装配。建设国家级装配式建筑生产基地。加大政策支持力度,力争用10年左右时间,使装配式建筑占新建建筑的比例达到30%。积极稳妥推广钢结构建筑。在具备条件的地方,倡导发展现代木结构建筑。

2016年3月17日,《国民经济和社会发展第十三个五年规划纲要》发布。《纲要》指出:发展适用、经济、绿色、美观建筑,提高建筑技术水平、安全标准和工程质量,推广装配式建筑和钢结构建筑。

住房与城乡建设部于2017年3月23日印发《"十三五"装配式建筑行动方案》,提出工程目标并明确重点任务。目标提出:到2020年,全国装配式建筑占新建筑的比例达到15%以上,其中重点推进地区达到20%以上,积极推进地区达到15%以上,鼓励推进地区达到10%以上。任务提出:建立完善覆盖设计、生产、施工和使用维护全过程的装配式建筑标准规范体系;建立装配式建筑技术体系和关键技术、配套部品部件评估机制,梳理先进成熟可靠的新技术、新产品、新工艺,定期发布装配式建筑技术和产品公告;加大研发力度,研究装配率较高的多高层装配式混凝土建筑的基础理论、技术体系和施工工艺,研究高性能混凝土、高强钢筋和消能减重、预应力技术在装配式建筑的应用;全面提升装配式建筑设计水平,推进装配式建筑一体化集成设计,强化装配式建筑设计对部品部件生产、安装施工、装饰装修等环节的统筹,推进装配式建筑标准化设计,提高标准化部品部件的应用比例。装配式建筑设计深度要达到相关要求;建立适合建筑信息模型(BIM)技术应用的装配式建筑工程管理模式,推进BIM技术在装配式建筑规划、勘察、设计、生产、施工、装修、运行维护全过程的集成应用,实现工程建设项目全生命周期数据共享和信息化管理;采用植入芯片或标注二维码等方式,实现部品部件生产、安装、维护全过程质量可追溯;培育一批设计、生产、施工一体化的装配式建筑骨干企业,促进建筑企业转型发展;发挥装配式建筑产业技术创新联盟的作用,加强学习研用等各种市场主体的协同创新能力,促进新技术、新产品的研发与应用。

2)国家级规范标准

伴随着国家大力发展装配式建筑政策的纷纷出台,为规范装配式建筑的推广,指导行业企业和从业人员合理应用装配式技术,我国相继出台了若干装配式领域的规范、规程、标准、图集。

(1)《装配式混凝土结构技术规程》(JGJ 1—2014)

我国自1991年施行《装配式大板居住建筑设计和施工规程》(JGJ1—91)后,经过长达20多年的沉淀,结合新技术、新工艺、新材料的发展,参考有关国际标准和国外先进标准,于2014年施行《装配式混凝土结构技术规程》(JGJ 1—2014)。与已废止的91年版标准相比,

2014年标准扩大了适用范围，新标准适用于居住建筑和公共建筑；此外，加强了装配式结构整体性的设计要求；增加了装配整体式剪力墙结构、装配整体式框架结构和外挂墙板的设计规定；修改了多层装配式剪力墙结构的有关规定；增加了钢筋套筒灌浆连接和浆锚搭接连接的技术要求；补充、修改了接缝承载力的验算要求。

（2）《装配式混凝土建筑技术标准》（GB/T 51231—2016）

在行业标准《装配式混凝土结构技术规程》（JGJ 1—2014）发布两年后，国家标准《装配式混凝土建筑技术标准》（GB/T 51231—2016）于2016年施行。《装配式混凝土建筑技术标准》的发布，不仅是对《装配式混凝土结构技术规程》的有效补充，还在一些条文上对《装配式混凝土结构技术规程》进行了修改。

此外，《装配式钢结构建筑技术标准》（GB/T 51232—2016）、《装配式木结构建筑技术标准》（GB/T 51233—2016）也同时施行。

（3）《预制混凝土剪力墙外墙板》等9项国家建筑标准设计图集

经审查批准，由中国建筑标准设计研究院有限公司组织编制的《预制混凝土剪力墙外墙板》等9项国家建筑标准设计图集（图2.5）自2015年3月起实施。该系列图集是在国家建筑标准设计的基础上，依据《装配式混凝土结构技术规程》（JGJ 1—2014）编制的，对规范内容进行了细化和延伸，对现阶段量大面广的装配式混凝土剪力墙结构设计、生产、施工起到规范和全方位的指导作用。这套图集的内容涵盖了表示方法、设计示例、连接节点构造以及常用的构件等。

图2.5　装配式混凝土建筑标准设计图集

（4）《装配式建筑评价标准》（GB/T 51129—2017）

我国于2015年发布《工业化建筑评价标准》（GB/T 51129—2015），并在2017年发布《装配式建筑评价标准》（GB/T 51129—2017），同时《工业化建筑评价标准》（GB/T 51129—2015）废止。新标准的发布，对进一步促进装配式建筑的发展和规范装配式建筑的评价，起到了重要的作用。

(5)其他

此外,我国还发布了诸如《钢筋连接用灌浆套筒》(JGT 398—2012)、《钢筋套筒灌浆连接应用技术规程》(JGJ 355—2015)、《钢筋连接用套筒灌浆料》(JG/T 408—2013)、《装配式混凝土剪力墙结构住宅施工工艺图解》(16G 906)等规范、标准、图集,进一步促进和规范了行业的发展。

3)各地保障政策

我国各省、自治区、直辖市均结合自身特点,提出各自的装配式建筑发展目标和保障政策。

北京市提出目标:到2020年,实现装配式建筑占新建建筑面积的比例达到30%以上。为保证目标实现,北京市出台政策,对于未在实施范围内的非政府投资项目,凡自愿采用装配式建筑并符合实施标准的,给予实施项目不超过3%的面积奖励;对实施范围内的预制率达到50%以上、装配率达到70%以上的非政府投资项目予以财政奖励。

《上海市装配式建筑2016—2020年发展规划》提出目标:“十三五”期间,上海市全市装配式建筑的单体预制率达到40%以上或装配率达到60%以上。外环线以内采用装配式建筑的新建商品住宅、公租房和廉租房项目100%采用全装修。

天津市要求:2018—2020年新建的公共建筑具备条件的应全部采用装配式建筑,中心城区、滨海新区核心区和中新生态城商品住宅应全部采用装配式建筑;采用装配式建筑的保障性住房和商品住房全装修比例达到100%;2021—2025年全市范围内国有建设用地新建项目具备条件的全部采用装配式建筑。为保证以上目标实现,天津市规定,经认定为高新技术企业的装配式建筑企业,减按15%的税率征收企业所得税,装配式建筑企业开发新技术、新产品、新工艺发生的研究开发费用,可以在计算应纳税所得额时加计扣除。

广东省确定目标:到2025年前,珠三角城市群装配式建筑占新建建筑面积比例达到35%以上,其中政府投资工程的装配式建筑面积占比达到70%以上;常住人口超过300万的粤东西北地区地级市中心城区,装配式建筑占新建建筑面积的比例达到30%以上,其中政府投资工程的装配式建筑面积占比达到50%以上;全省其他地区装配式建筑占新建建筑面积的比例达到20%以上,其中政府投资工程的装配式建筑面积占比达到50%以上。对于装配式建筑项目,广东省政府优先安排用地计划指标,对增值税实施即征即退的优惠政策,落实适当的资金补助,并优先给予信贷支持。

湖北省要求:到2025年,全省装配式建筑占新建建筑面积的比例达到30%以上,并对装配式建筑给予配套资金补贴、容积率奖励、商品住宅预售许可、降低预售资金监管比例等激励政策。

江苏省提出:到2025年年末,要求建筑产业现代化建造方式成为主要建造方式,全省建筑产业现代化施工的建筑面积占同期新开工建筑面积的比例、新建建筑装配化率达到50%以上,装饰装修装配化率达到60%以上。对于装配式项目,政府将给予财政扶持政策,提供相应的税收优惠,优先安排用地指标,并给予容积率奖励。

辽宁省要求:到2025年底全省装配式建筑占新建建筑面积比例力争达到35%以上,其中沈阳市力争达到50%以上,大连市力争达到40%以上,其他城市力争达到30%以上。辽宁省对装配式建筑项目将给予财政补贴、增值税即征即退优惠,优先保障装配式建筑部品部件生产基地(园区)、项目建设用地,允许不超过规划总面积的5%不计入成交地块的容积率核算。

4)装配式混凝土建筑企业

经过10多年的积累和发展,我国已涌现出一批从事装配式混凝土研究、建筑生产、施工的企业,呈现百花齐放的良好发展态势。

(1)万科集团

万科企业股份有限公司成立于1984年,1988年进入房地产行业,经过30余年的发展,已成为国内领先的城市配套服务商,公司业务聚焦全国经济最具活力的三大经济圈及中西部重点城市。2016年公司首次跻身《财富》“世界500强”,位列榜单第356位;2017年再度上榜,位列榜单第307位。

万科集团从2003年开始探索住宅标准化,形成万科标准化部品库。2004年,公司成立工业化中心,开始万科工业化住宅的研究工作。2007年,万科集团第一次向市场交付工业化住宅产品,推广标准化住宅。2007年2月8日,万科集团获建设部批准,正式成为国家住宅产业化基地。数年来,万科集团在技术研发方面先后投入数亿元,从研究和学习日本的预制装配式建筑开始,逐渐演变到自主研发创新发展道路,目前已初见成效。现在万科在深圳、北京、上海、南京用装配式结构建设的PC住宅已经接近了1000万 m^2,成为国内引领产业化发展的龙头企业。

(2)榆构集团

北京榆构有限公司(BYPCE)前身为北京市丰台区榆树庄构件厂,成立于1980年,企业注册资金为1.5亿元,总资产为3.5亿元,年产值和销售收入近10亿元,是国内最大的预制混凝土产品制造商之一。现为预制混凝土构件和预拌混凝土二级专业承包资质企业,公司现有生产车间4个,生产线4条,混凝土生产设备和各种大型起重运输设备150台套,可满足年产15万 m^3 预制构件和80万 m^3 预拌混凝土的生产能力。预制构件和预拌混凝土产品广泛应用在工业和民用建筑工程、市政公路工程、铁路工程、水利工程及其他特种工程领域。

公司已建立起完善的质量管理体系、职业健康安全管理体系。公司现已建成北京市级企业技术中心,负责企业预制混泥土和预拌混凝土的试验研究和设计开发工作,广泛开展和国内外研究、设计和施工企业合作,拥有多项自主知识产权的专利技术和专有技术,相继完成以国家体育场预制清水混凝土看台、武汉琴台大剧院清水混凝土外挂板和北京城市副中心清水混凝土为代表的一大批精品预制混凝土工程;美国通用电气公司(GE)独家定制的混凝土组件采用C40钢纤维混凝土,表观密度3 500 kg/m^3,该产品具有防中子和伽玛射线功能的防辐射功能。2008年鲁班奖评比结果,由公司主要参建的4项重大工程榜上有名,分别是:国家体育场(鸟巢)、奥运射击馆、武汉琴台大剧院、天津奥体中心。

公司现为中国混凝土与水泥制品协会副会长,北京市混凝土协会副会长,并多次被评为全国混凝土行业优秀企业和北京市先进企业。

(3)宇辉集团

宇辉新型建筑材料有限公司(简称“宇辉新材”)成立于2005年,独资和控股5家新材公司,即全资子公司黑龙江宇辉新型建筑材料有限公司、黑龙江宇辉商品混凝土有限公司、安徽宇辉新型建筑材料有限公司,控股上海宇辉住宅工业有限公司、湖北宇辉中工建筑产业化有限公司。公司与哈尔滨工业大学、清华大学、同济大学、中国建筑科学研究院进行广泛合作,走产学研一体化道路,并成功开发出约束浆锚纯剪力墙结构体系(属国内首创),高强陶瓷保温颗粒材料,拼装整体式城市地下综合管廊等先进结构体系及产品。宇辉集团申报及获得60余项国家发明专利,并先后获得黑龙江省建设厅科技成果一等奖、黑龙江省科技进步三等奖,并被列入国家住建部《建筑业十项新技术(2010年)》推广应用内容,同时也获批成为国家住宅产业化基地。

(4)亚泰集团

亚泰集团组建于1993年,以建材、医药、金融、地产为核心,搭建了体育文化、生态养生、旅游、互联网传媒的轻资产平台,实现了跨越、可持续发展,2017年位列“中国企业500强”第393位。

亚泰集团建材产业由25家生产企业、1个专业化电商公司、2个研发机构和4个建筑工业化制品产业园组成,分布在3省18市。现已形成集建材制品深加工、预拌混凝土制造、石灰石和砂石骨料开采、熟料生产、水泥生产和各类产品销售于一体的产业链。

亚泰建材产业预制构件产能40万m^3米,地铁管片产能3万环,地铁轨枕产能50万块,预拌混凝土产能385万m^3,骨料产能200万m^3,熟料、水泥产能4948万t。亚泰建材产业拥有3个预拌混凝土生产基地,9个高品位石灰石矿山、4个骨料基地、9个熟料生产基地、17个水泥粉磨基地、石灰石矿山储量达30亿t,骨料资源储量2.2亿m^3。亚泰集团立足长春、沈阳、哈尔滨、大连,建设了4个建筑工业化制品产业园。根据国家供给侧改革,亚泰建材以智能化带动产业转型升级,生产的绿色建材和建筑工业化材料,已经达到现代化、国际化、智能化的标准,形成了技术先进、品种齐全、具有核心竞争力的产业集群。

(5)山东万斯达集团

山东万斯达建筑科技股份有限公司是我国最早从事建筑产业化领域装配式建筑体系研究、产品开发、制造、施工的高新技术企业。公司结合实践不断创新,逐渐完善了装配式建筑主体所需的主要结构部品,形成PK快装结构体系,并通过子公司山东万斯达工程建设有限公司开展建筑工程施工业务,是国内少数几家集技术咨询、研发设计、产品制造、工程安装、售后服务等为一体的建筑产业现代化企业。

2015年6月9日,全国首家校企合作建筑产业现代化学院——万斯达学院成立。同年7月17日,由万事达集团等6家单位共同发起成立了山东省建筑产业现代化发展联盟,旨在构建以政府指导和服务为依托,汇聚“产、学、研、金”全产业链代表性企业为一体的“山东省建筑产业现代化发展联盟”平台。

(6)北京住总集团

北京住总集团有限责任公司是以房地产开发、建筑安装施工、现代化服务为“三大板块”

跨国经营的大型现代化企业集团。“十二五”期间，住总集团全面开展了住宅产业化全产业链的技术研究和实践应用，紧密结合工程建设和产学研用，大力推进建筑业新型发展方式，积极推进装配式建筑领域全产业链的建设和发展。2015 年初，北京住总集团有限责任公司获批列入住建部“国家住宅产业化基地”并授牌。

北京住总集团作为国家住宅产业化基地的成员，始终践行着全产业链技术协同发展的工作思路，截至目前，已经形成全产业链模式下的五大技术体系，分别是：预制装配式住宅工程成套设计技术体系、预制装配式住宅工程部品制备技术体系、预制装配式住宅工程成套施工技术、预制装配式住宅工程仿真建造（BIM）技术体系以及钢结构形式住宅产业化建造技术体系。同时，住总集团注重发挥设计的引领作用，建立了标准化设计方式，具备了与施工生产全面配套的技术产品与工艺体系。

截至目前，住总集团已累计完成住宅产业化设计任务 530 万 m^2，掌握了 8 度抗震区全构件类型的预制装配式剪力墙建筑的成套标准化设计技术。2012 年完成的“金域缇香”住宅项目工程是国内首例隔震技术与住宅产业化技术结合的工程，通过隔震技术减少地震力 65%，实现 8 度抗震设防区按 7 度设计，突破了极限设计高度。

（7）上海建工材料工程有限公司

上海建工材料工程有限公司第一构件厂（以下简称第一构件厂）隶属于上海建工材料工程有限公司，为上海建工材料工程有限公司下属 PC 产业化基地，是首批国家装配式建筑产业基地。

在参与 PC 构件项目的多年时间里，积累了丰富的生产经验，具备预制墙板、楼梯、阳台、空调、梁、楼板、柱等各类构件的生产能力，同时对于饰面瓷砖反打或石材反打亦可按照图纸要求进行加工制作。累计生产 PC 构件超过 15 万 m^3，为全国 PC 构件产业化龙头企业。

课后习题

1. 通过学习国外发达国家的装配式技术发展经验，我们可以得到哪些启示？
2. 我国目前现行的国家级装配式技术相关规范、图集有哪些？
3. 目前国内处在领先地位的装配式混凝土建筑企业有哪些？

第3章 装配式混凝土建筑结构体系与部品部件

装配式混凝土结构包括多种类型。其中,由预制混凝土构件通过可靠的方式进行连接并与现场后浇混凝土、水泥基灌浆料形成整体的装配式混凝土结构,称为装配整体式混凝土结构。这里提到的预制构件,是指不在现场原位支模浇筑的构件,不仅包括在工厂制作的预制构件,还包括由于受到施工场地或运输等条件限制,而又有必要采用装配式结构时,在现场制作的预制构件。

装配整体式混凝土结构是装配式混凝土结构形式的一种。当主要受力预制构件之间的连接通过干式节点进行连接时,此时结构的总体刚度与现浇混凝土结构相比会有所降低,此类结构不属于装配整体式结构。

根据我国目前的研究工作水平和工程实践经验,对于高层混凝土建筑我国目前主要采用装配整体式混凝土结构,其他建筑也是以装配整体式混凝土结构为主。

3.1 装配整体式混凝土框架结构

3.1.1 结构体系

装配整体式混凝土框架结构,是指全部或部分框架梁、柱采用预制构件构建成的装配整体式混凝土结构(图3.1)。

图3.1 装配整体式混凝土框架结构

框架结构建筑平面布置灵活、造价低、使用范围广，在低多层住宅和公共建筑中得到了广泛的应用。装配整体式混凝土框架结构继承了传统框架结构的以上优点。根据国内外多年的研究成果，在地震区的装配整体式框架结构，当采用了可靠的节点连接方式和合理的构造措施后，其性能可等同于现浇混凝土框架结构。因此，对装配整体式框架结构，当节点及接缝采用适当的构造并满足相关要求时，可认为其性能与现浇结构基本一致。

3.1.2　预制构件

装配整体式混凝土框架结构中，预制构件主要有预制柱（图3.2）、叠合梁、叠合板等。

1）预制柱

矩形预制柱截面边长不宜小于400 mm，圆形预制柱截面直径不宜小于450 mm，且不宜小于同方向梁宽的1.5倍。

图3.2　预制柱

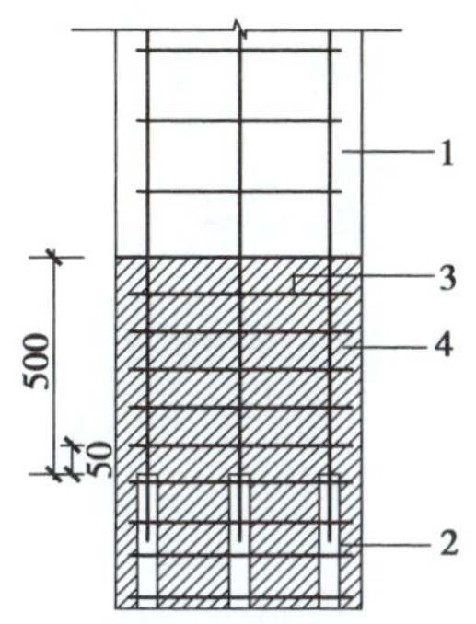

图3.3　预制柱底部箍筋加密区构造示意

1—预制柱；2—连接接头或钢筋连接区域；

3—加密区箍筋；4—箍筋加密区（阴影区域）

柱纵向受力钢筋直径不宜小于20 mm，纵向受力钢筋间距不宜大于200 mm且不应大于400 mm。柱纵向受力钢筋可集中于四角配置且宜对称布置。柱中可设置纵向辅助钢筋（辅助钢筋直径不宜小于12 mm且不宜小于箍筋直径）。当正截面承载力计算不计入纵向辅助钢筋时，纵向辅助钢筋可不伸入框架节点。

柱纵向受力钢筋在柱底连接时，柱箍筋加密区长度不应小于纵向受力钢筋连接区域长度与500 mm之和；当采用套筒灌浆连接或浆锚连接等方式时，套筒或搭接段上端第一道箍筋距离套筒或搭接段顶部不应大于50 mm（图3.3）。

2）叠合梁

预制混凝土叠合梁是指预制混凝土梁顶部在现场后浇混凝土而形成的整体梁构件，简称叠合梁（图3.4）。

装配整体式框架结构中，当采用叠合梁时，框架梁的后浇混凝土叠合层厚度不宜小于150 mm，次梁的后浇混凝土叠合层厚度不宜小于120 mm；当采用凹口截面预制梁时，凹口深度不宜小于50 mm，凹口边厚度不宜小于60 mm（图3.5）。

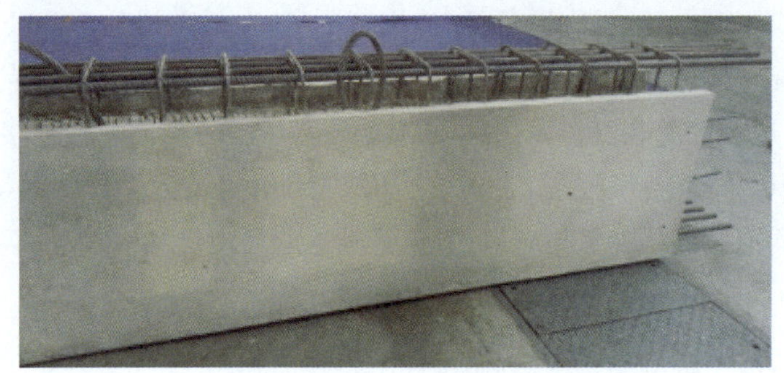

图3.4 叠合梁

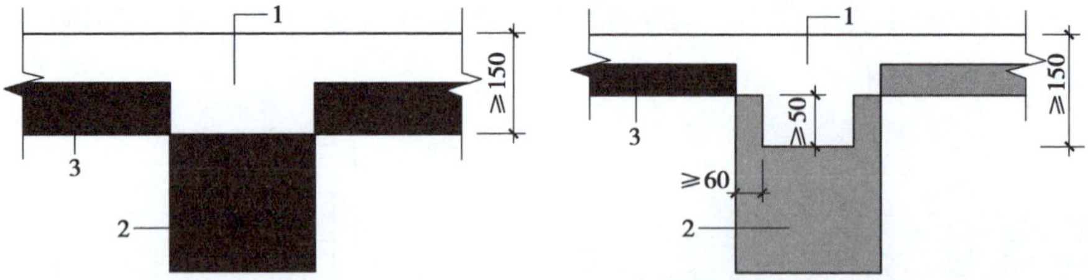

(a)矩形截面预制梁 (b)凹口截面预制梁

图3.5 叠合框架梁截面示意

1—后浇混凝土叠合层;2—叠合梁;3—叠合板

抗震等级为一、二级的叠合框架梁的梁端箍筋加密区宜采用整体封闭箍筋。当叠合梁受扭时宜采用整体封闭箍筋,且整体封闭箍筋的搭接部分宜设置在预制部分[图3.6(a)]。

采用组合封闭箍筋的形式时,开口箍筋上方应做成135°弯钩;非抗震设计时,弯钩端头平直段不应小于$5d$(d为箍筋直径);抗震设计时,平直段长度不应小于$10d$。现场应采用箍筋帽封闭开口箍,箍筋帽宜两端应做成135°弯钩,也可做成一端135°另一端90°弯钩,但135°弯钩和90°弯钩应沿纵向受力钢筋方向交错布置,框架梁弯钩平直段长度不应小于$10d$,次梁135°弯钩平直段长度不应小于$5d$,90°弯钩平直段长度不应小于$10d$[图3.6(b)]。

3)叠合板

预制混凝土叠合板是指预制混凝土板顶部在现场后浇混凝土而形成的整体板构件,简称叠合板。

叠合板的预制板厚度不宜小于60 mm,后浇混凝土叠合层厚度不应小于60 mm。跨度大于3 m的叠合板,宜采用桁架钢筋混凝土叠合板;跨度大于6 m的叠合板,宜采用预应力混凝土预制板;板厚大于180 mm的叠合板,宜采用混凝土空心板。当叠合板的预制板采用空心板时,板端空腔应封堵。

(1)桁架钢筋混凝土叠合板

桁架钢筋混凝土叠合板的预制层在待现浇区预留桁架钢筋。桁架钢筋的主要作用是将后浇筑的混凝土层与预制底板联结成整体,并在制作和安装过程中提供一定刚度(图3.7)。

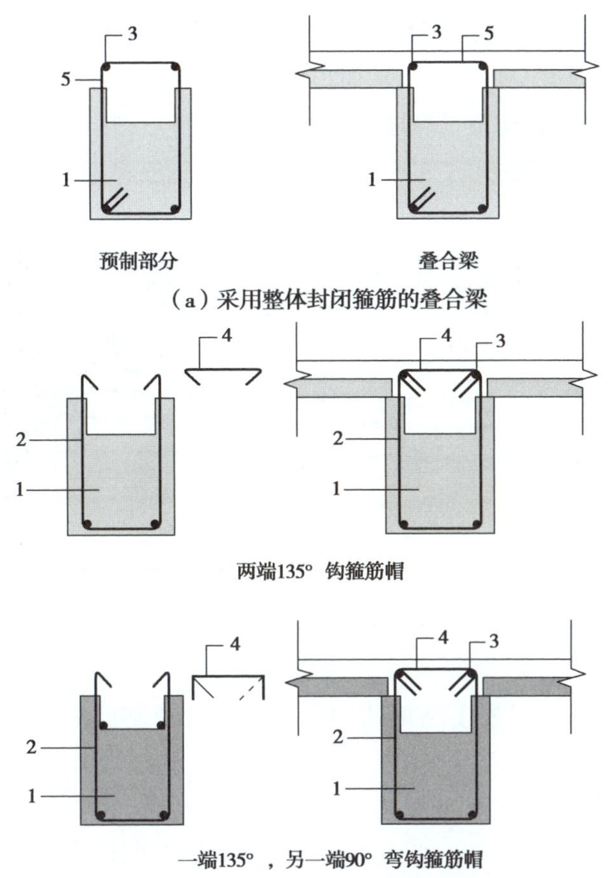

图 3.6 叠合梁箍筋构造示意

1—预制梁;2—开口箍筋;3—上部纵向钢筋;4—箍筋帽;5—封闭箍筋

桁架钢筋应沿主要受力方向布置;距板边不应大于 300 mm,间距不宜大于 600 mm;桁架钢筋弦杆钢筋直径不宜小于 8 mm,腹杆钢筋直径不应小于 4 mm;桁架钢筋弦杆混凝土保护层厚度不应小于 15 mm。

图 3.7 桁架钢筋混凝土叠合板

(2)预应力带肋混凝土叠合楼板

预应力带肋混凝土叠合楼板,又称 PK 板,是一种新型的装配整体式预应力混凝土楼板。

它是以倒“T”形预应力混凝土预制带肋薄板为底板，肋上预留椭圆形孔，孔内穿置横向预应力受力钢筋，然后再浇筑叠合层混凝土从而形成整体双向楼板。

预应力带肋混凝土叠合楼板具有厚度薄、质量小等特点，并且采用预应力可以极大地提高混凝土的抗裂性能。由于采用了T形肋，且肋上预留钢筋穿过的孔洞，新老混凝土能够实现良好的互相咬合(图3.8)。

图3.8　预应力带肋混凝土叠合楼板

4)其他预制构件

此外，装配整体式框架混凝土结构的预制构件还有预制混凝土楼梯、预制混凝土阳台板、预制混凝土空调板等。

预制混凝土楼梯是装配式混凝土建筑重要的预制构件，具有受力明确、外形美观等优点，避免了现场支模板，安装后可作为施工通道，节约施工工期。通常预制混凝土楼梯构件会在踏步上预制防滑条，并在楼梯临空一侧预制栏杆扶手预埋件(图3.9)。

图3.9　预制混凝土楼梯

预制混凝土阳台板，是集承重、围护、保温、防水、防火等功能为一体的重要装配式预制构件。预制混凝土阳台板通过局部现浇混凝土，与主体结构实现可靠连接，使之形成装配整体式住宅。预制阳台板一般有叠合板式阳台板、全预制板式阳台板和全预制梁式阳台板，目前以叠合板式阳台板为主(图3.10)。

图3.10 预制混凝土阳台板

3.2 装配整体式混凝土剪力墙结构

3.2.1 结构体系

装配整体式混凝土剪力墙结构，是指全部或部分剪力墙采用预制墙板构建成的装配整体式混凝土结构(图3.11)。我国新型的装配式混凝土建筑是从住宅建筑发展起来的，而高层住宅建筑绝大多数采用剪力墙结构。因此，装配整体式混凝土剪力墙结构在国内发展迅速，得到大量的应用。

装配整体式混凝土剪力墙结构中，墙体之间的接缝数量多且构造复杂，接缝的构造措施及施工质量对结构整体的抗震性能影响较大，使装配整体式剪力墙结构抗震性能很难完全等同于现浇结构。世界各地对装配式剪力墙结构的研究少于装配式框架结构的研究，因此我国目前对装配整体式混凝土剪力墙结构采用从严要求的态度。

图3.11 装配整体式混凝土剪力墙结构

3.2.2 预制构件

装配整体式混凝土剪力墙结构中，预制构件主要有预制内墙板、外墙板、叠合梁、叠合板、预制混凝土楼梯、阳台、空调板等。其中，叠合梁、叠合板、预制混凝土楼梯、阳台、空调板的做法与装配整体式混凝土框架结构的做法相同。

1）预制混凝土剪力墙内墙板

预制混凝土剪力墙内墙板是指在工厂预制成的混凝土剪力墙构件（图3.12）。预制混凝土剪力墙内墙板侧面在施工现场通过预留钢筋与剪力墙现浇区段连接，底部通过钢筋灌浆套筒和坐浆层与下层预制剪力墙连接。

图3.12　预制混凝土剪力墙内墙板

预制剪力墙宜采用一字形，也可采用L形、T形或U形。开洞预制剪力墙洞口宜居中布置，洞口两侧的墙肢宽度不应小于200 mm，洞口上方连梁高度不宜小于250 mm。

预制剪力墙的连梁不宜开洞。当需开洞时，洞口宜预埋套管。洞口上、下截面的有效高度不宜小于梁高的1/3，且不宜小于200 mm。被洞口削弱的连梁截面应进行承载力验算，洞口处应配置补强纵向钢筋和箍筋，补强纵向钢筋的直径不应小于12 mm。

预制剪力墙开有边长小于800 mm的洞口且在结构整体计算中不考虑其影响时，应沿洞口周边配置补强钢筋。补强钢筋的直径不应小于12 mm，截面面积不应小于同方向被洞口截断的钢筋面积。该钢筋自孔洞边角算起伸入墙内的长度不应小于其抗震锚固长度。

当采用套筒灌浆连接时，自套筒底部至套筒顶部并向上延伸300 mm范围内，预制剪力墙的水平分布筋应加密。加密区水平分布筋直径不应小于8 mm。当构件抗震等级为一、二级时，加密区水平分布筋间距不应大于100 mm；当构件抗震等级为三、四级时，其间距不应大于150 mm。套筒上端第一道水平分布钢筋距离套筒顶部不应大于50 mm。

端部无边缘构件的预制剪力墙，宜在端部配置2根直径不小于12 mm的竖向构造钢筋。沿该钢筋竖向应配置拉筋，拉筋直径不宜小于6 mm，间距不宜大于250 mm。

2）预制混凝土夹心外墙板

预制混凝土夹心外墙板又称“三明治板”，由内叶板、保温夹层、外叶板通过连接件可靠连接而成（图3.13）。预制混凝土夹心外墙板在国内外均有广泛的应用，具有结构、保温、装饰一体化的特点。预制混凝土夹心外墙板根据其在结构中的作用，可以分为承重墙板和非承重墙板两类。当其作为承重墙板时，与其他结构构件共同承担垂直力和水平力；当其作为非承重墙板时，仅作为外围护墙体使用。

(a)实景图

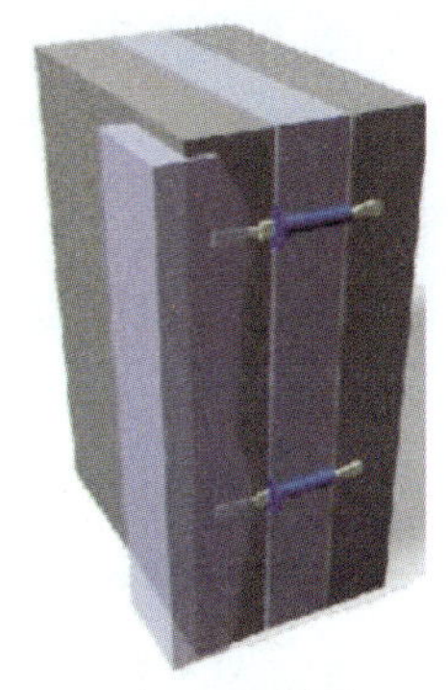
(b)示意图

图3.13　预制混凝土夹心外墙板

预制混凝土夹心外墙板根据其内、外叶墙板间的连接构造，又可以分为组合墙板和非组合墙板。组合墙板的内、外叶墙板可通过拉结件的连接共同工作；非组合墙板的内、外叶墙板不共同受力，外叶墙仅作为荷载，通过拉结件作用在内业墙板上。鉴于我国对于预制混凝土夹心外墙板的科研成果和工程实践经验都还较少，目前在实际工程中，通常采用非组合式的墙板，只将外叶板作为中间层保温板的保护层，不考虑其承重作用，但要求其厚度不应小于50 mm。中间夹层的厚度不宜大于120 mm，用来放置保温材料，也可根据建筑物的使用功能和特点聚合诸如防火等其他功能的材料。当预制混凝土夹心外墙板作为承重墙板时，将内叶板按剪力墙构件进行设计，并执行预制混凝土剪力墙内墙板的构造要求。

3)双面叠合剪力墙

双面叠合剪力墙是内、外叶墙板预制并用桁架钢筋可靠连接，中间空腔在现场后浇混凝土而形成的剪力墙叠合构件(图3.14)。双面叠合墙板通过全自动流水线进行生产，自动化程度高，具有非常高的生产效率和加工精度，同时具有整体性好、防水性能优等特点。随着桁架钢筋技术的发展，自20世纪70年代起，双面叠合剪力墙结构体系在欧洲开始得到了广泛的应用。自2005年起双面叠合剪力墙体系慢慢引入中国市场，在这10多年时间里，结合

图3.14　双面叠合剪力墙

我国国情，各大高校、科研机构及企业针对双面叠合剪力墙结构体系进行了一系列试验研究，证实了双面叠合剪力墙具有与现浇剪力墙接近的抗震性能和耗能能力，可参考现浇结构计算方法进行结构计算。

双面叠合剪力墙的墙肢厚度不宜小于 200 mm，单叶预制墙板厚度不宜小于 50 mm，空腔净距不宜小于 100 mm。预制墙板内、外叶内表面应设置粗糙面，粗糙面凹凸深度不应小于 4 mm。内、外叶预制墙板应通过钢筋桁架连接成整体。钢筋桁架宜竖向设置，单片预制叠合剪力墙墙肢不应小于 2 榀，钢筋桁架中心间距不宜大于 400 mm，且不宜大于竖向分布筋间距的 2 倍；钢筋桁架距叠合剪力墙预制墙板边的水平距离不宜大于 150 mm。钢筋桁架的上弦钢筋直径不宜小于 10 mm，下弦及腹杆钢筋直径不宜小于 6 mm。钢筋桁架应与两层分布筋网片可靠连接。

双面叠合剪力墙空腔内宜浇筑自密实混凝土；当采用普通混凝土时，混凝土粗骨料的最大粒径不宜大于 20 mm，并应采取保证后浇混凝土浇筑质量的措施。

4）PCF 板

PCF 板是预制混凝土外叶层加保温板的永久模板。其做法是将“三明治”外墙板的外叶层和中间保温夹层在工厂预制，然后运至施工现场吊装到位，再在内叶层一侧绑扎钢筋、支好模板、浇筑内叶层混凝土从而形成完整的外墙体系（图 3.15）。PCF 板主要用于装配式混凝土剪力墙的阳角现浇部位。PCF 板的应用，有效地替代了剪力墙转角处现浇区外侧模板的支模工作，还可以减少施工现场在高处作业状态下的外墙外饰面施工。

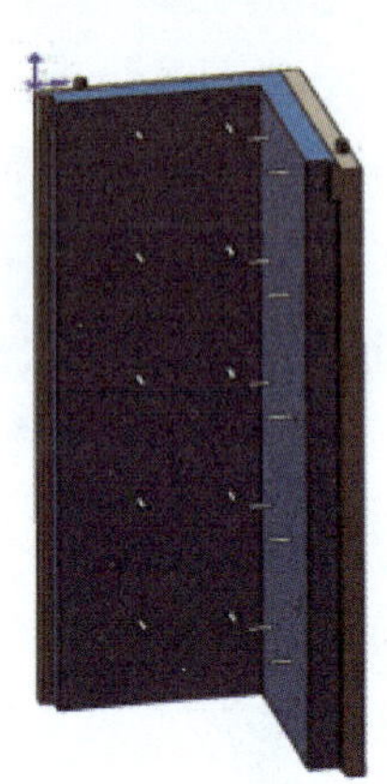

图 3.15 PCF 板

3.3 其他结构体系

装配整体式混凝土框架结构、装配整体式混凝土剪力墙结构目前在我国发展迅速，得到了广泛的应用。此外，我国目前推广的装配式混凝土结构体系中，还包括装配整体式混凝土框架-现浇剪力墙结构、装配整体式框架-现浇核心筒结构、装配整体式部分框支剪力墙结构。

装配整体式混凝土框架-现浇剪力墙结构是以预制装配框架柱为主，并布置一定数量的现浇剪力墙,通过水平刚度很大的楼盖将二者联系在一起共同抵抗水平荷载。考虑到我国目前的研究基础,建议剪力墙构件采用现浇结构,以保证结构整体的抗震性能。装配整体式框架-现浇剪力墙结构中,框架的性能与现浇框架等同,因此整体结构性能与现浇框架-剪力墙结构基本相同。装配整体式框架-现浇核心筒结构、装配整体式部分框支剪力墙结构目前国内外研究均较少,在国内的应用也很少。

3.4 部品部件

装配式混凝土建筑部品是指由工厂生产,构成外围护系统、设备与管线系统、内装系统的建筑单一产品或复合产品组装而成的功能单元的统称;装配式混凝土建筑部件是指在工厂或现场预先生产制作完成,构成建筑结构系统的结构构件及其他构件的统称。这里提到的外围护系统,是指由建筑外墙、屋面、外门窗及其他部品部件等组合而成,用于分隔建筑室内外环境的部品部件的整体。本节重点介绍几种常见的外围护系统部品部件。

1)蒸压加气混凝土板

蒸压加气混凝土板是以水泥、石灰、硅砂等为主要原料,配以经防锈处理的钢筋网片,经过高温、高压、蒸汽养护而成的一种绿色环保的的新型轻质建筑。蒸压加气混凝土板具有轻质高强、保温隔热、耐火抗震、隔声防渗、抗冻耐久等优越性能,常在6~8度区被作为装配式建筑的内隔墙、外围护墙等(图3.16)。

图3.16 蒸压加气混凝土板

蒸压加气混凝土板均为配筋规格条板,板材墙体按照建筑结构构造特点可选用横板、竖板、拼装大板3种布置形式。建筑设计应尽量选用常用规格板材,节省造价。特殊规格的蒸压加气混凝土板可与企业定制生产或现场切锯组合。

蒸压加气混凝土板制品用作建筑外墙时,应做饰面防护层。饰面防护层不仅可以起到美观的作用,也是保护加气混凝土制品耐久性的重要措施。良好的饰面是提高其抗冻、抗干湿循环和抗自然碳化的有效方法。但是,由于蒸压加气混凝土板的承重能力较差,不宜直接在其上安装石材或金属外饰面。

2)外挂墙板

外挂墙板是指安装在主体结构上,起围护和装饰作用的非承重预制混凝土外墙板。外挂墙板是建筑物的外围护结构，其本身不分担主体结构承受的荷载和地震作用。作为建筑物的外围护结构，绝大多数外挂墙板均附着于主体结构，必须具备适应主体结构变形的能力。外挂墙板与主体结构的连接采用柔性连接的方式，按连接形式可分为点连接和线连接两种。图 3.17 中，(a)图为外挂墙板与主体结构点连接；(b)图为上部与主体结构线连接的外挂墙板，连接时将突出平面外的抗剪钢筋置于主体结构叠合梁的叠合层内后浇为整体。

(a)点连接

(b)线连接

图 3.17 外挂墙板

外挂墙板的高度不宜大于一个层高，厚度不宜小于 100 mm。外挂墙板宜采用双层、双向配筋，竖向和水平向钢筋的配筋率均不应小于 0.15%，且钢筋直径不宜小于 5 mm，间距不宜大于 200 mm。外挂墙板应在门窗洞口周边、角部配置加强钢筋。加强筋不应少于 2 根，直径不应小于 12 mm，且应满足锚固长度的要求。外挂墙板的接缝构造应满足防水、防火、隔声等建筑功能要求，且接缝宽度应满足主体结构的层间位移、密封材料的变形能力、施工误差、温度引起变形等要求，且不应小于 15 mm。

3)建筑幕墙

建筑幕墙是指由玻璃面板、金属板或石材板和其支承结构组成的不承重的建筑物外围护结构。幕墙具有美观大气、性能安全、施工迅速、环保节能等优点，近些年来在公共建筑中得到了广泛的应用。装配式混凝土建筑应根据建筑物的使用要求、建筑造型，合理选择幕墙形式，宜采用工厂化组装生产的单元式幕墙系统。

4)外门窗

装配式混凝土建筑的外门窗应采用在工厂生产的标准化系列部品，并应采用带有批水板等的外门窗配套系列部品。采用在工厂生产的外门窗配套系列部品可以有效避免施工误差，提高安装的精度，保证外围护系统具有良好的气密性能和水密性能要求。

门窗洞口与外门窗框接缝是节能及防渗漏的薄弱环节，接缝处的气密性能、水密性能和保温性能直接影响到外围护系统的性能要求。因此，外门窗应可靠连接，门窗洞口与外门窗框接缝处的气密性能、水密性能和保温性能不应低于外门窗的有关性能。

门窗与洞口之间的不匹配导致门窗施工质量控制困难，容易造成门窗处漏水。门窗与墙体在工厂同步完成的预制混凝土外墙，在加工过程中能够更好地保证门窗洞口与框之间的密闭性，避免形成热桥。质量控制有保障，较好地解决了外门窗的渗漏水问题，改善了建筑的性能,提升了建筑的品质。

预制外墙中外门窗宜采用企口或预埋件等方法固定,外门窗可采用预装法或后装法设计。采用预装法时,外门窗框应在工厂与预制外墙整体成型;采用后装法时,预制外墙的门窗洞口应设置预埋件。

5)屋面

装配式混凝土建筑的屋面应根据现行国家标准规定的屋面防水等级进行防水设防,并应具有良好的排水功能,宜设置有组织排水系统。

我国幅员辽阔,太阳能资源丰富,根据各地区气候特点及日照分析结果,有条件的地区可以在装配式建筑设计中充分利用太阳能。太阳能系统应与屋面进行一体化设计,电气性能应满足国家现行标准的相关规定。设置在屋面上的太阳能系统管路和管线应遵循安全美观、规则有序、便于安装和维护的原则,与建筑其他管线统筹设计,做到太阳能系统与建筑一体化(图3.18)。

图3.18 建筑屋面安装太阳能板

课后习题

1. 装配整体式混凝土建筑的结构形式有哪些?
2. 装配整体式混凝土剪力墙结构常用的预制构件有哪些?
3. 什么是双面叠合剪力墙?双面叠合剪力墙有哪些优点?
4. 蒸压加气混凝土板作为围护、分隔构件具有哪些特点?

第 4 章　装配式混凝土建筑常用材料与构造

4.1　混凝土

4.1.1　混凝土的性能

混凝土是由胶凝材料、粗骨料、细骨料、水(必要时可加入外加剂和掺和料)按一定比例配合,经搅拌、浇筑、养护硬化而成的具有一定强度的人造石材,是当代最主要的建筑工程材料之一。混凝土的主要性能包括强度和和易性等。

1)强度

混凝土的强度是混凝土硬化后的最重要的力学性能。混凝土的强度是指混凝土抵抗压、拉、弯、剪等应力的能力。水灰比、水泥品种和用量、集料的品种和用量以及搅拌、成型、养护等工序的作业质量,都直接影响混凝土的强度。混凝土强度等级应按立方体抗压强度标准值确定。立方体抗压强度标准值系指按标准方法制作、养护的边长为 150 mm 的立方体试件,在 28 d 或设计规定龄期以标准试验方法测得的具有 95% 保证率的抗压强度值。混凝土具有良好的抗压能力,但是抗拉强度仅为其抗压强度的 1/20 ~ 1/10,因此应避免混凝土在受拉状态或复杂受力状态下工作。

2)和易性

混凝土拌合物的和易性是指混凝土易于各工序施工操作并能获得质量均匀、成型密实的混凝土的性能。混凝土拌合物和易性直接影响混凝土施工操作的难易程度,以及混凝土凝固成型的质量。因此,合理选择和易性适合的混凝土拌合物对于建筑工程的顺利实施非常重要。工程上常在满足施工操作及混凝土成型密实的条件下,尽可能选用较小坍落度的混凝土。

此外,混凝土的工作性能还包括抗渗性、耐久性和变形能力。它们都会影响到混凝土构件的工作能力。

装配式混凝土建筑中,混凝土既需要应用到预制构件的生产中,还需要应用到施工现场后浇混凝土区段的施工当中。

4.1.2　预制构件混凝土

在装配式混凝土建筑的施工过程中,预制混凝土构件在养护成型后,需要经过存储、运输、吊装、连接等工序后才能应用于建筑本身。考虑到这个过程当中混凝土构件可能遭受难以预计的荷载组合,因此有必要提高预制混凝土构件的质量。

预制构件的混凝土强度等级不宜低于C30。预应力混凝土预制构件的混凝土强度等级不宜低于C40,且不应低于C30。混凝土工作性能指标应根据预制构件产品特点和生产工艺确定。拌制混凝土的各原材料需经过质量检验合格后方可使用。混凝土应采用有自动计量装置的强制式搅拌机搅拌,并具有生产数据逐盘记录和实时查询功能。混凝土应按照混凝土配合比通知单进行生产,原材料每盘称量的允许偏差应符合表4.1的规定。

表4.1　混凝土原材料每盘称量的允许偏差

项次	材料名称	允许偏差
1	胶凝材料	±2%
2	粗、细骨料	±3%
3	水、外加剂	±1%

为保证预制混凝土构件与现浇混凝土之间能够可靠连接,在预制混凝土构件制作时,宜将其接触面做成粗糙面或键槽。粗糙面是指预制构件结合面上凹凸不平或骨料显露的表面,其面积不宜小于结合面的80%,对于预制板其凹凸深度不应小于4 mm,对预制梁端、柱端和墙端其凹凸深度不应小于6 mm(图4.1)。键槽是指预制构件混凝土表面规则且连续的凹凸构造,其可实现预制构件和后浇混凝土的共同受力作用。键槽的尺寸和数量应经计算确定。对于预制梁端面的键槽,其深度不宜小于30 mm,宽度不宜小于深度的3倍且不宜大于深度的10倍;键槽可贯通截面,当不贯通时槽口距离截面边缘不宜小于50 mm;键槽间距宜等于键槽宽度;键槽端部斜面倾角不宜大于30°。对于预制剪力墙侧面的键槽,其深度不宜小于20 mm,宽度不宜小于深度的3倍且不宜大于深度的10倍;键槽间距宜等于键槽宽度;键槽端部斜面倾角不宜大于30°。对于预制柱底部的键槽,其深度不宜小于30 mm;键槽端部斜面倾角不宜大于30°(图4.2)。

图4.1　混凝土粗糙面

预制板与后浇混凝土叠合层之间的结合面应设置粗糙面。预制梁与后浇混凝土叠合层之间的结合面应设置粗糙面;预制梁端面应设置键槽且宜设置粗糙面(图4.3)。预制剪力

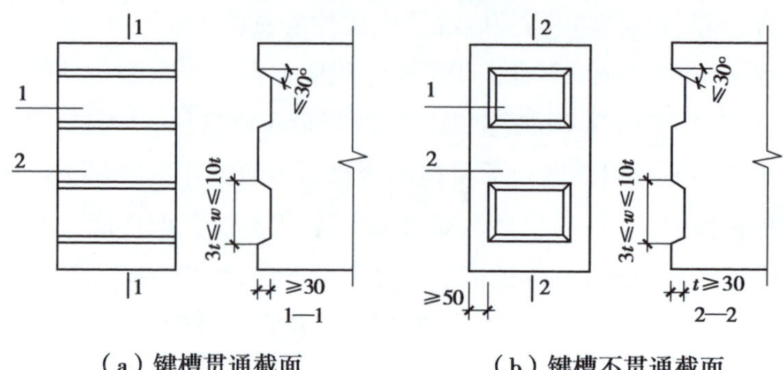

图4.2 梁端键槽构造示意

1—键槽;2—梁端面

图4.3 梁端键槽

墙的顶部和底部与后浇混凝土的结合面应设置粗糙面;侧面与后浇混凝土的结合面应做成粗糙面,也可设置键槽。预制柱的底部应设置键槽且宜做成粗糙面,柱顶应设置粗糙面。

预制构件粗糙面可采用模板面预涂缓凝剂的工艺,待脱模后采用高压水冲洗露出骨料的方式制作,也可以在叠合面粗糙面混凝土初凝前进行拉毛处理。

4.1.3 后浇混凝土

目前我国装配式混凝土建筑主要采用的是将预制混凝土构件进行可靠连接并在连接部位浇筑混凝土而形成整体的方式,即装配整体式混凝土结构。可见,预制构件的连接需要施工现场进行浇筑混凝土作业。

装配式混凝土建筑中,现浇混凝土的强度等级不应低于C25。此外,由于预制构件间的连接区段往往较小,以至于施工时作业面小,混凝土浇筑和振捣质量难以保证,因此结合部位和接缝处的现浇混凝土宜采用自密实混凝土,其他部位的现浇混凝土也建议采用自密实混凝土。

自密实混凝土是指具有高流动性、均匀性和稳定性,浇筑时无需外力振捣,能够在自重作用下流动并充满模板空间的混凝土。配制自密实混凝土宜采用硅酸盐水泥或普通硅酸盐水泥,不宜采用铝酸盐水泥、硫铝酸盐水泥等凝结时间短、流动性损失大的水泥;应合理选择骨料的级配,粗骨料最大公称粒径不宜大于20 mm,复杂形状的结构以及有特殊要求的工程,粗骨料最大公称粒径不宜大于16 mm。自密实混凝土宜采用集中搅拌方式生产,其搅拌时间应比非自密实混凝土适当延长,且不应少于60 s;运输时应保持运输车的滚筒以3 ~5 r/min匀速转动,卸料前宜高速旋转20 s以上。此外,应保持自密实混凝土泵送和浇筑过程的连续性。

4.2 钢筋和钢材

4.2.1 钢筋

1)纵向受力钢筋

装配式混凝土建筑所使用的钢筋宜采用高强度钢筋。纵向受力普通钢筋宜采用HRB400、HRB500、HRBF400、HRBF500钢筋,其中梁、柱纵向受力普通钢筋应采用HRB400、HRB500、HRBF400、HRBF500钢筋。钢筋的强度标准值应具有不小于95%的保证率。

普通钢筋采用套筒灌浆连接和浆锚搭接连接时,钢筋应采用热轧带肋钢筋。热轧钢筋的肋,可以使钢筋与灌浆料之间产生足够的摩擦力,有效地传递应力,从而形成可靠的连接接头。

2)钢筋锚固板

锚固板是指设置于钢筋端部用于钢筋锚固的承压板。钢筋锚固板的锚固性能安全可靠,施工工艺简单,加工速度快,有效地减少了钢筋的锚固长度从而节约了钢材。钢筋锚固板是解决节点核心区钢筋拥堵的有效方法,具有广阔的发展前景(图4.4)。

按照发挥钢筋抗拉强度的机理不同,锚固板分为全锚固板和部分锚固板。全锚固板是指依靠锚固板承压面的混凝土承压作用发挥钢筋抗拉强度的锚固板;部分锚固板是指依靠埋入长度范围内钢筋与混凝土的粘结和锚固板承压面的混凝土承压作用共同发挥钢筋抗拉强度的锚固板。

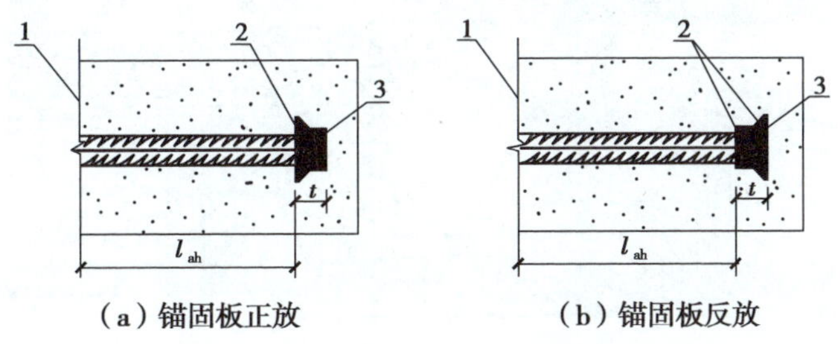

图4.4 钢筋锚固板示意图

1—锚固区钢筋应力最大处截面;2—锚固板承压面;3—锚固板端面

锚固板应按照不同分类确定其尺寸,且应符合下列要求:

①全锚固板承压面积不应小于钢筋公称面积的9倍。

②部分锚固板承压面积不应小于钢筋公称面积的4.5倍。

③锚固板厚度不应小于被锚固钢筋直径的1倍。

④当采用不等厚或长方形锚固板时,除应满足上述面积和厚度要求外,尚应通过国家、省部级主管部门组织的产品鉴定(图4.5)。

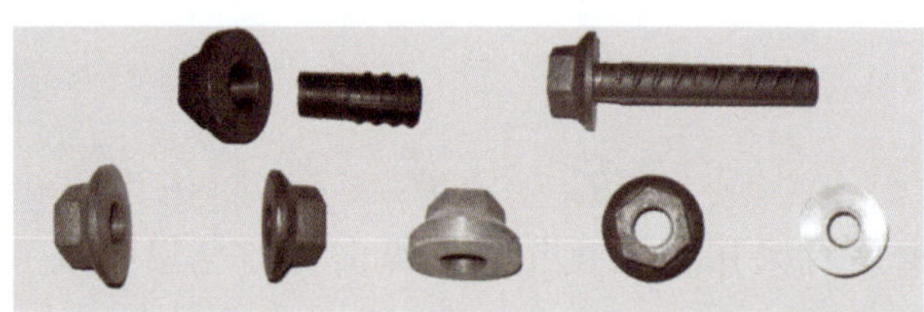

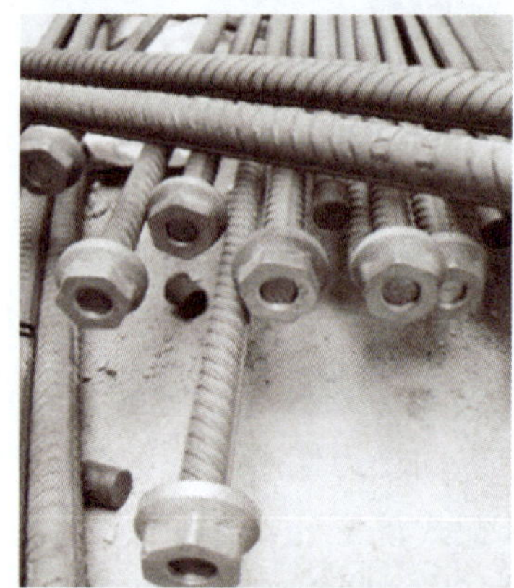

图4.5 钢筋锚固板实物图

3)钢筋焊接网

钢筋焊接网是指具有相同或不同直径的纵向和横向钢筋分别以一定间距垂直排列,全部交叉点均用电阻点焊焊在一起的钢筋网片。钢筋焊接网适合工厂化生产、规模化生产,是效益高、符合环境保护要求、适应建筑工业化发展趋势的新兴产业。

在预制混凝土构件中,尤其是墙板、楼板等板类构件中,推荐使用钢筋焊接网,以提高生产效率。在进行结构布置时,应合理确定预制构件的尺寸和规格,便于钢筋焊接网的使用。钢筋焊接网应符合相关现行行业标准的规定(图4.6)。

图4.6 钢筋焊接网

4)吊装预埋件

为了节约材料、方便施工、吊装可靠,并避免外露金属件的锈蚀,预制构件的吊装方式宜优先采用内埋式螺母、内埋式吊杆或预留吊装孔。吊装用内埋式螺母、吊杆、吊钉等应根据相应的产品标准和应用技术规程选用,其材料应符合国家现行相关标准的规定。如果采用钢筋吊环,应采用未经冷加工的 HPB300 级钢筋制作(图 4.7)。

图 4.7 吊装预埋件

4.2.2 钢材

为保证承重结构的承载能力和防止在一定条件下出现脆性破坏,应根据结构的重要性、荷载特征、结构形式、应力状态、连接方法、钢材厚度和工作环境等因素综合考虑,选用合适的钢材牌号和材性。

承重结构的钢材宜采用 Q235 钢、Q345 钢、Q390 钢和 Q420 钢,其质量应符合相关现行国家标准的规定。当采用其他牌号的钢材时,尚应符合相应有关标准的规定和要求。

4.3 钢筋连接材料

装配式混凝土建筑中,钢筋连接方式不仅包括传统的焊接、机械连接和搭接,还包括钢筋套筒灌浆连接和浆锚搭接连接。其中,钢筋套筒灌浆连接的应用最为广泛。

4.3.1 套筒灌浆连接

钢筋套筒灌浆连接是指在预制混凝土构件内预埋的金属套筒中插入钢筋并灌注水泥基灌浆料而实现的钢筋连接方式(图 4.8)。这种技术在美国和日本已经有近 40 年的应用历史,在我国台湾地区也有多年的应用历史。40 年来,上述国家和地区对钢筋套筒灌浆连接的技术进行了大量的试验研究,采用这项技术的建筑物也经历了多次地震的考验,包括日本一些大地震的考验。美国认证协会(ACI)明确地将这种接头归类为机械连接接头,并将这项技术广泛用于预制构件受力钢筋的连接,同时也用于现浇混凝土受力钢筋的连接,是一项十分成熟和可靠的技术。在我国大陆地区,这种接头在电力和冶金部门有过 20 余年的成功应用,近年来开始引入建工部门。中国建筑科学研究院、中冶建筑研究总院有限公司、清华大学、万科企业股份有限公司等单位都对这种接头进行了一定数量的试验研究工作,证实了它的安全性。

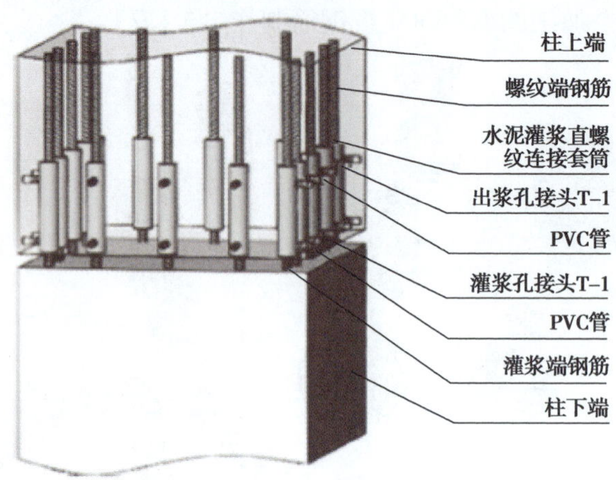

图 4.8　钢筋套筒灌浆连接构件接头示意图

1)灌浆套筒

钢筋连接用灌浆套筒,是指通过水泥基灌浆料的传力作用将钢筋对接连接所用的金属套筒。按加工方式分类,灌浆套筒分为铸造灌浆套筒和机械加工灌浆套筒。按结构形式分类,灌浆套筒可分为全灌浆套筒和半灌浆套筒。全灌浆套筒是指接头两端均采用灌浆方式连接钢筋的灌浆套筒(图 4.9、图 4.10);半灌浆套筒是指接头一端采用灌浆方式连接,另一端采用非灌浆方式连接钢筋的灌浆套筒,通常另一端采用螺纹连接(图 4.11)。

半灌浆套筒按非灌浆一端的连接方式分类,可分为直接滚轧直螺纹灌浆套筒、剥削滚轧直螺纹灌浆套筒和镦粗直螺纹灌浆套筒。

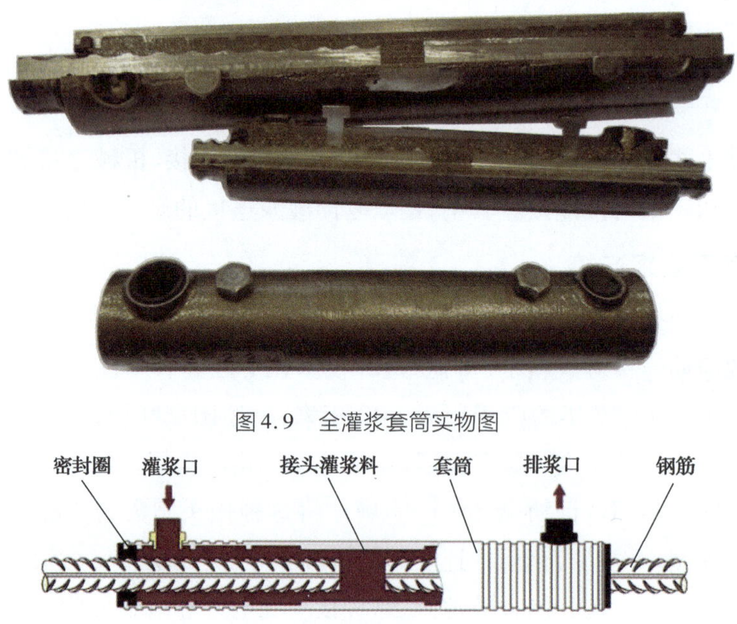

图 4.9　全灌浆套筒实物图

图 4.10　全灌浆套筒示意图

其中,灌浆孔是指用于加注水泥基灌浆料的入料口,通常为光孔或螺纹孔;排浆孔是指用于加注水泥灌浆料时通气并将注满后的多余灌浆料溢出的排料口,通常为光孔或螺纹孔。

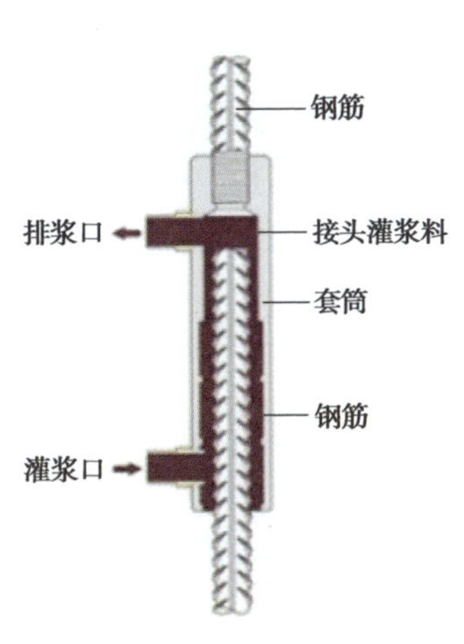

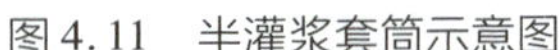

图4.11 半灌浆套筒示意图

图4.12 灌浆作业

采用套筒灌浆连接的构件混凝土强度等级不宜低于C30。钢筋套筒灌浆端最小直径与连接钢筋公称直径的差值，当钢筋直径为12～25 mm时，不应小于10 mm；当钢筋直径为28～40 mm时，不应小于15 mm。灌浆套筒用于钢筋锚固的深度不宜小于插入钢筋公称直径的8倍。当灌浆套筒规定的连接钢筋直径与实际用于连接的钢筋直径不同时，应按灌浆套筒灌浆端用于钢筋锚固的深度要求确定钢筋锚固长度。

钢筋套筒灌浆连接接头的抗拉强度和屈服强度不应小于连接钢筋的抗拉强度和屈服强度标准值，且破坏时应断于接头外钢筋。设计与施工时应注意，应采用与连接钢筋牌号、直径配套的灌浆套筒。接头连接钢筋的强度等级不应大于灌浆套筒规定的连接钢筋强度等级。接头连接钢筋的直径规格不应大于灌浆套筒规定的连接钢筋直径规格，且不宜小于灌浆套筒规定的连接钢筋直径规格一级以上。为保证灌浆施工的可行性，竖向构件的配筋应结合灌浆孔、出浆孔的位置，使灌浆孔、出浆孔对外，以便为可靠灌浆提供施工条件。此外，对于截面尺寸较大的竖向构件，尤其是对于底部设置键槽的预制柱，应再设置排气孔（图4.12）。

混凝土构件中灌浆套筒的净距不应小于25 mm。混凝土构件的灌浆套筒长度范围内，预制混凝土柱箍筋的混凝土保护层厚度不应小于20 mm，预制混凝土墙最外层钢筋的混凝土保护层厚度不应小于15 mm。

2）钢筋连接用套筒灌浆料

钢筋连接用套筒灌浆料，是以水泥为基本材料，配以细骨料，以及混凝土外加剂和其他材料组成的干混料，加水搅拌后具有良好的流动性、早强、高强、微膨胀等性能，填充于套筒和带肋钢筋间隙内的干粉料，简称套筒灌浆料。套筒灌浆料的性能应符合表4.2的要求。

表 4.2 套筒灌浆料的技术性能

检测项目		性能指标
流动性(mm)	初始	≥300
	30 min	≥260
抗压强度(MPa)	1 d	≥35
	3 d	≥60
	28 d	≥85
竖向膨胀率(%)	3 h	≥0.02
	24 h 与 3 h 差值	0.02~0.5
氯离子含量(%)		≤0.3
泌水率(%)		0

灌浆料抗压强度应符合表 4.2 的要求,且不应低于接头设计要求的灌浆抗压强度。灌浆料抗压强度试件尺寸应按 40 mm×40 mm×160 mm 尺寸制作,其加水量应按灌浆料产品说明书确定,试件应按标准方法制作、养护。

钢筋连接用套筒灌浆料多采用预拌成品灌浆料。生产厂家应提供产品合格证、使用说明书和产品质量检测报告。交货时,产品的质量验收可抽取实物试样,以其检验结果为依据;也可以产品同批号的检验报告为依据。采用何种方法验收由买卖双方商定,并在合同或协议中注明。

套筒灌浆料应采用防潮袋(筒)包装。每袋(筒)净含量宜为 25 kg 或 50 kg 且不应小于标志质量的 99%。包装袋(筒)上应标明产品名称、净质量、使用说明、生产厂家(包括单位地址、电话)、生产批号、生产日期、保质期等内容。

产品运输和储存时不应受潮和混入杂物;产品应储存于通风、干燥、阴凉处,运输过程中应注意避免阳光长时间照射。

4.3.2 浆锚搭接连接

钢筋浆锚搭接连接是指在预制混凝土构件中预留孔道,在孔道中插入需搭接的钢筋,并灌注水泥基灌浆料而实现的钢筋搭接连接方式。构件安装时,将需搭接的钢筋插入孔洞内至设定的搭接长度,通过灌浆孔和排气孔向孔洞内灌入灌浆料,经灌浆料凝结硬化后,完成两根钢筋的搭接。其中,预制构件的受力钢筋在采用有螺旋箍筋约束的孔道中进行搭接的技术,称为钢筋约束浆锚搭接连接(图 4.13)。

钢筋浆锚搭接技术在欧洲有多年的应用历史和研究成果。早在 1989 年我国就将这项技术引入我国规范中。近年来,国内的科研单位及企业对各种形式的钢筋浆锚搭接连接接头进行了试验研究工作,已有一定的技术基础。钢筋浆锚搭接技术的关键,包括孔洞内壁的构造及其成孔技术、灌浆料的质量以及约束钢筋的配置方法等各个方面。鉴于我国目前对钢筋浆锚搭接连接接头尚无统一的技术标准,因此,目前行业对钢筋浆锚搭接在工程上的管

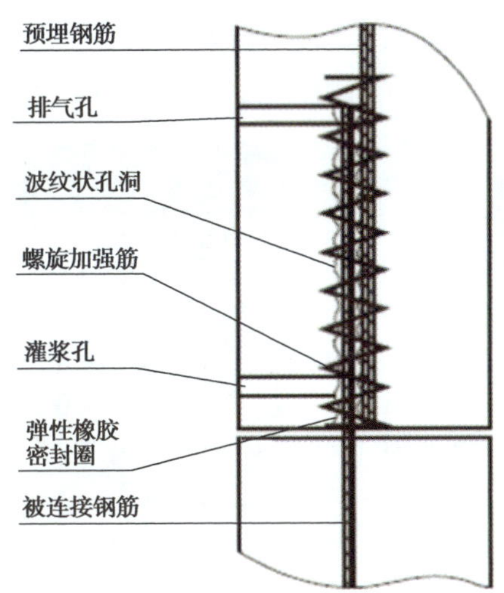

图 4.13　约束浆锚连接示意图

[illegible]前，浆锚搭接连接技术应用较少，其普及程度远远不如套筒灌浆连接技术。[illegible] mm 的钢筋不宜采用浆锚搭接连接；直接承受动力荷载的构件纵向钢筋不应采用浆锚搭接连接。

4.4　其他材料

4.4.1　外墙保温拉结件

外墙保温拉结件是用于连接预制保温墙体内外层混凝土墙板，传递墙板剪力，以使内外层墙板形成整体的连接器（图 4.14）。拉结件宜选用纤维增强复合材料或不锈钢薄钢板加工制作。

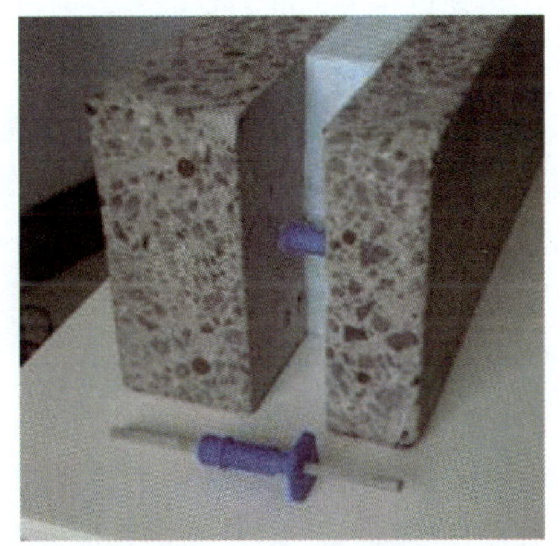

图 4.14　外墙保温拉结件

夹心外墙板中内外叶墙板的拉结件应符合下列规定：

①金属及非金属材料拉结件均应具有规定的承载力、变形和耐久性能，并应经过试验验证。

②拉结件应满足夹心外墙板的节能设计要求。

③连接件宜采用矩形或梅花形布置，间距一般为 400～600 mm，连接件与墙体洞口边缘距离一般为 100～200 mm。当有可靠依据时也可按设计要求确定。

4.4.2　夹心外墙板保温材料

外墙板保温材料依据材料性质来分类，可分为有机材料、无机材料和复合材料。不同的保温材料性能各异，材料的导热系数数值大小是衡量保温材料的重要指标。装配式混凝土建筑中，夹心外墙板中的保温材料，其导热系数不宜大于 0.040 W/(m·K)，体积比吸水率不宜大于0.3%。常用的夹心外墙板保温材料有聚苯板(EPS板)、挤塑板(XPS板)、石墨聚苯板、泡沫混凝土板、发泡聚氨酯板、真空绝热板等(图4.15)。

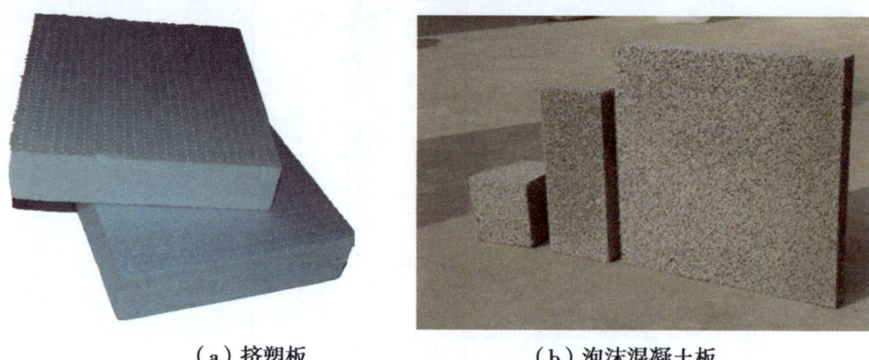

(a)挤塑板　(b)泡沫混凝土板

图4.15　夹心外墙板保温材料

4.4.3　外装饰材料

当装配式建筑采用全装修方式建造时,还可能使用到外装饰材料,如涂料和面砖等。其材料性能、质量应满足现行相关标准和设计要求。当采用面砖饰面时,宜选用背面带燕尾槽的面砖,燕尾槽尺寸应符合工程设计和相关标准要求。其他外装饰材料应符合相关标准的规定。

外装饰材料应符合以下要求:

①石材、面砖、饰面砂浆及真石漆等外装饰材料应有产品合格证和出厂检验报告,质量应满足现行相关标准的要求。装饰材料进厂后应按规范的要求进行复检。

②石材和面砖应按照预制构件设计图编号、品种、规格、颜色、尺寸等分类标识存放。

③当采用石材或瓷砖饰面时,其抗拔力应满足相关规范及安全使用的要求。当采用石材饰面时,应进行防返碱处理。厚度在25 mm以上的石材宜采用卡件连接。瓷砖背沟深度应满足相关规范的要求。面砖采用反贴法时,使用的粘结材料应满足现行相关标准的要求。

4.5　墙体接缝构造

墙体是建筑物竖直方向的主要构件,其主要作用是承重、围护和分隔空间。作为建筑物的外墙,除需具备设计要求的强度、刚度和稳定性外,还需要具有保温、隔热、隔声、防火和防水能力。

对于装配式混凝土建筑而言,预制墙体间的接缝质量,对于墙体实现上述性能要求意义重大。施工时应保证接缝处的作业质量。接缝材料应与混凝土具有相容性,以及规定的抗剪切和伸缩变形能力,并具有防霉、防火、防水、耐候等性能。对于有防水要求的外墙,接缝处必须用有可靠防水性能的嵌缝材料,且材料的嵌缝深度不得小于20 mm。目前最常见的防水措施是构造防水和材料防水相结合的防水措施。其中防水材料常采用具有弹性塑料棒(PE棒)为背衬的耐候性防水密封胶条;防水构造常采用高低企口缝、双直槽缝等构造措施。

外墙板接缝防水施工应由专业人员进行(图 4.16)。

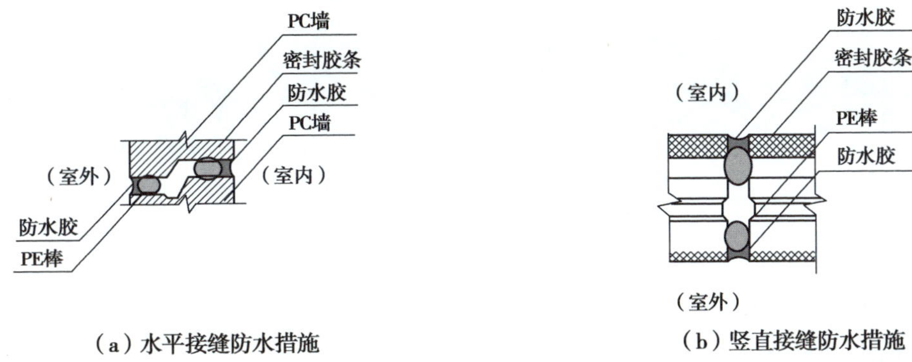

图 4.16 外墙防水措施

外墙板接缝防水施工前,应将板缝空腔清理干净。施工时应按设计要求填塞背衬材料。密封材料嵌填应饱满、密实、均匀、顺直、表面平滑,其厚度应符合设计要求。

课后习题

1. 预制混凝土构件表面的粗糙面和键槽分别有哪些要求?
2. 灌浆套筒按其结构形式可分成哪几类?
3. 套筒灌浆料的技术性能应满足哪些要求?
4. 简述外墙接缝处常用的防水措施。

第5章　装配式混凝土建筑设计技术

5.1　建筑设计

装配式混凝土建筑应遵循建筑全周期的可持续性原则，并应满足模数协调、标准化设计和集成设计等要求。

5.1.1　模数协调

装配式混凝土建筑设计应采用模数来协调结构构件、内装部品、设备与管线之间的尺寸关系，做到部品部件设计、生产和安装等相互间尺寸协调，减少和优化各部品部件的种类和尺寸。

模数协调是建筑部品部件实现通用性和互换性的基本原则，使规格化、通用化的部品部件适用于常规的各类建筑，满足各种要求。大量的规格化、定型化部品部件的生产可稳定质量，降低成本。通用化部件所具有的互换能力，可促进市场的竞争和生产水平的提高。

装配式混凝土建筑的开间与柱距、进深与跨度、门窗洞口宽度等宜采用水平扩大模数数列 $2n$M、$3n$M（n 为自然数）。层高和门窗洞口高度等宜采用竖向扩大模数数列 nM。梁、柱、墙等部件的截面尺寸宜采用竖向扩大模数数列 nM。内装系统中的装配式隔墙、整体收纳空间和管道井等单元模块化部品宜采用基本模数，也可插入分模数数列 nM/2 或 nM/5 进行调整。构造节点和部件的接口尺寸宜采用分模数数列 nM/2、nM/5、nM/10。（M 是模数协调的最小单位，1M = 100 mm）

装配式混凝土建筑的开间、进深、层高、洞口等优先尺寸应根据建筑类型、使用功能、部品部件生产与装配要求等确定。

装配式混凝土建筑的定位宜采用中心定位法与界面定位法相结合的方法。对于部件的水平定位宜采用中心定位法。部件的竖向定位和部品的定位宜采用界面定位法。

装配式混凝土建筑应严格控制预制构件、预制与现浇构件之间的建筑公差。部品部件尺寸及安装位置的公差协调应根据生产装配要求、主体结构层间变形、密封材料变形能力、材料干缩、温差变形、施工误差等确定。接缝的宽度应满足主体结构层间变形、密封材料变形能力、施工误差、温差引起变形等的要求，防止接缝漏水等质量事故发生。

5.1.2　标准化设计

建筑中相对独立，具有特定功能，能够通用互换的单元称为模块。装配式混凝土建筑应采用模块及模块组合的设计方法，遵循少规格、多组合的原则。公共建筑应采用楼电梯、公共卫生间、公共管井、基本单元等模块进行组合设计。住宅建筑应采用楼电梯、公共管井、集成式厨房、集成式卫生间等模块进行组合设计。

装配式混凝土建筑部品部件的接口应具有统一的尺寸规格与参数，并满足公差配合及模数协调。这样的接口称作标准化接口。

装配式建筑设计应重视其平面、立面和剖面的规则性，宜优先选用规则的形体，同时便于工厂化、集约化生产加工，提高工程质量，并降低工程造价。装配式混凝土建筑平面设计应采用大开间大进深、空间灵活可变的布置方式；平面布置应规则，承重构件布置应上下对齐贯通，外墙洞口宜规整有序；设备与管线宜集中设置，并应进行管线综合设计。在装配式混凝土建筑立面设计中，外墙、阳台板、空调板、外窗、遮阳设施及装饰等部品部件宜进行标准化设计；宜通过建筑体量、材质肌理、色彩等变化，形成丰富多样的立面效果；装饰面层宜采用清水混凝土、装饰混凝土、免抹灰涂料和反打面砖等耐久性强的建筑材料。

装配式混凝土建筑应根据建筑功能、主体结构、设备管线及装修等要求，确定合理的层高及净高尺寸。

5.1.3　集成设计

集成设计是指建筑结构系统、外围护系统、设备与管线系统、内装系统一体化的设计。装配式混凝土建筑应进行集成设计，提高集成度、施工精度和效率。各系统设计应统筹考虑材料性能、加工工艺、运输限制、吊装能力等要求。

结构系统宜采用功能复合度高的部件进行集成设计，优化部件规格；应满足部件加工、运输、堆放、安装的尺寸和重量要求。

外围护系统应对外墙板、幕墙、外门窗、阳台板、空调板及遮阳部件等进行集成设计；应采用提高建筑性能的构造连接措施；并宜采用单元式装配外墙系统。

设备与管线系统应集成设计。给水排水、暖通空调、电气智能化、燃气等设备与管线应综合设计；宜选用模块化产品，接口应标准化，并应预留扩展条件。

内装设计应与建筑设计、设备与管线设计同步进行；内装系统宜采用装配式楼地面、墙面、吊顶等部品系统；住宅建筑宜采用集成式厨房、集成式卫生间及整体收纳等部品系统。

接口及构造设计也应进行集成设计。结构系统部件、内装部品部件和设备管线之间的连接方式应满足安全性和耐久性要求；结构系统与外围护系统宜采用干式工法连接，其接缝宽度应满足结构变形和温度变形的要求；部品部件的构造连接应安全可靠，接口及构造设计应满足施工安装与使用维护的要求；应确定适宜的制作公差和安装公差设计值；设备管线接口应避开预制构件受力较大部位和节点连接区域。

5.1.4　其他

装配式混凝土建筑设计宜建立信息化协同平台，采用标准化的功能模块、部品部件等信息库，统一编码、统一规则，全专业共享数据信息，实现建设全过程的管理和控制。

装配式混凝土建筑应满足建筑全寿命期的使用维护要求，宜采用管线分离的方式。

装配式混凝土建筑应满足国家现行标准有关防火、防水、保温、隔热及隔声等要求。

5.2　结构设计

结构系统是指由结构构件通过可靠的连接方式装配而成，以承受或传递荷载作用的整体。装配式混凝土建筑应采取有效措施加强结构的整体性，保证结构和构件满足承载力、延性和耐久性的要求。

装配式混凝土结构属于混凝土结构的一个子类别，除了应执行装配式混凝土建筑相关规定外，尚应符合现行混凝土结构规范、规程等要求。

目前，我国装配式混凝土建筑仅在抗震设防烈度为 8 度及以下的地区推广和采用。

5.2.1　最大适用高度

装配式整体式混凝土建筑的房屋最大适用高度应满足表 5.1 的要求。

表 5.1　装配整体式混凝土结构房屋的最大适用高度　　单位：m

结构类型	抗震设防烈度			
	6 度	7 度	8 度(0.20 g)	8 度(0.30 g)
装配整体式框架结构	60	50	40	30
装配整体式框架-现浇剪力墙结构	130	120	100	80
装配整体式框架-现浇核心筒结构	150	130	100	90
装配整体式剪力墙结构	130(120)	110(100)	90(80)	70(60)
装配整体式部分框支剪力墙结构	110(100)	90(80)	70(60)	40(30)

注：1. 房屋高度指室外地面到主要屋面的高度，不包括局部突出屋顶的部分；

2. 部分框支剪力墙结构指地面以上有部分框支剪力墙的剪力墙结构，不包括仅个别框支墙的情况。

当结构中竖向构件全部为现浇且楼盖采用叠合梁板时，房屋的最大适用高度可按现浇混凝土建筑采用。

装配整体式剪力墙结构和装配整体式部分框支剪力墙结构，在规定的水平力作用下，当预制剪力墙构件底部承担的总剪力大于该层总剪力的 50% 时，其最大适用高度应适当降低；当预制剪力墙构件底部承担的总剪力大于该层总剪力的 80% 时，最大适用高度应取表 5.1 中括号内的数值。

装配整体式剪力墙结构和装配整体式部分框支剪力墙结构，当剪力墙边缘构件竖向钢筋采用浆锚搭接连接时，房屋最大适用高度应比表中数值降低 10 m。

超过表内高度的房屋，应进行专门研究和论证，采取有效的加强措施。

5.2.2　最大高宽比

高层装配整体式混凝土结构的高宽比不宜超过表 5.2 的数值。

表 5.2　高层装配整体式混凝土结构适用的最大高宽比

<table>
<tr><td rowspan="2">结构类型</td><td colspan="2">抗震设防烈度</td></tr>
<tr><td>6 度、7 度</td><td>8 度</td></tr>
<tr><td>装配整体式框架结构</td><td>4</td><td>3</td></tr>
<tr><td>装配整体式框架-现浇剪力墙结构</td><td>6</td><td>5</td></tr>
<tr><td>装配整体式剪力墙结构</td><td>6</td><td>5</td></tr>
<tr><td>装配整体式框架-现浇核心筒结构</td><td>7</td><td>6</td></tr>
</table>

5.2.3　结构构件抗震等级

装配整体式混凝土结构构件的抗震设计，应根据设防类别、烈度、结构类型和房屋高度采用不同的抗震等级，并应符合相应的计算和构造措施要求。丙类装配整体式混凝土结构的抗震等级应按表 5.3 确定。

表 5.3　丙类建筑装配整体式混凝土结构的抗震等级

<table>
<tr><td colspan="2" rowspan="2">结构类别</td><td colspan="10">抗震设防烈度</td></tr>
<tr><td colspan="2">6 度</td><td colspan="4">7 度</td><td colspan="4">8 度</td></tr>
<tr><td rowspan="3">装配整体式框架结构</td><td>高度(m)</td><td>≤24</td><td>>24</td><td colspan="2">≤24</td><td colspan="2">>24</td><td colspan="2">≤24</td><td colspan="2">>24</td></tr>
<tr><td>框架</td><td>四</td><td>三</td><td colspan="2">三</td><td colspan="2">二</td><td colspan="2">二</td><td colspan="2">一</td></tr>
<tr><td>大跨度框架</td><td colspan="2">三</td><td colspan="4">二</td><td colspan="4">一</td></tr>
<tr><td rowspan="3">装配整体式框架-现浇剪力墙结构</td><td>高度(m)</td><td>≤60</td><td>>60</td><td>≤24</td><td colspan="2">>24 且≤60</td><td>>60</td><td>≤24</td><td colspan="2">>24 且≤60</td><td>>60</td></tr>
<tr><td>框架</td><td>四</td><td>三</td><td>四</td><td colspan="2">三</td><td>二</td><td>三</td><td colspan="2">二</td><td>一</td></tr>
<tr><td>剪力墙</td><td>三</td><td>三</td><td>三</td><td colspan="2">二</td><td>二</td><td>二</td><td colspan="2">一</td><td>一</td></tr>
<tr><td rowspan="2">装配整体式框架-现浇核心筒结构</td><td>框架</td><td colspan="2">三</td><td colspan="4">二</td><td colspan="4">一</td></tr>
<tr><td>核心筒</td><td colspan="2">二</td><td colspan="4">二</td><td colspan="4">一</td></tr>
<tr><td rowspan="2">装配整体式剪力墙结构</td><td>高度(m)</td><td>≤70</td><td>>70</td><td>≤24</td><td colspan="2">>24 且≤70</td><td>>70</td><td>≤24</td><td colspan="2">>24 且≤70</td><td>>70</td></tr>
<tr><td>剪力墙</td><td>四</td><td>三</td><td>四</td><td colspan="2">三</td><td>二</td><td>三</td><td colspan="2">二</td><td>一</td></tr>
<tr><td rowspan="4">装配整体式部分框支剪力墙结构</td><td>高度(m)</td><td>≤70</td><td>>70</td><td>≤24</td><td colspan="2">>24 且≤70</td><td>>70</td><td>≤24</td><td colspan="2">>24 且≤70</td><td rowspan="4"></td></tr>
<tr><td>现浇框支框架</td><td>二</td><td>二</td><td>二</td><td colspan="2">二</td><td>一</td><td>一</td><td colspan="2">一</td></tr>
<tr><td>底部加强部位剪力墙</td><td>三</td><td>二</td><td>三</td><td colspan="2">二</td><td>一</td><td>二</td><td colspan="2">一</td></tr>
<tr><td>其他区域剪力墙</td><td>四</td><td>三</td><td>四</td><td colspan="2">三</td><td>二</td><td>三</td><td colspan="2">二</td></tr>
</table>

注：1. 大跨度框架指跨度不小于 18 m 的框架；

2. 高度不超过 60 m 的装配整体式框架-现浇核心筒结构按装配整体式框架-现浇剪力墙的要求设计时，应按表中装配整体式框架现浇剪力墙结构的规定确定其抗震等级。

甲类、乙类建筑应按本地区抗震设防烈度提高一度的要求加强其抗震措施，但抗震设防烈度为 8 度时应按比 8 度更高的要求采取抗震措施；当建筑场地为Ⅰ类时，应允许仍按本地区抗震设防烈度的要求采取抗震构造措施。

丙类建筑当建筑场地为Ⅰ类时，除 6 度外，应允许按本地区抗震设防烈度降低一度的要求采取抗震构造措施。

当建筑场地为Ⅲ、Ⅳ类时，对设计基本地震加速度为 0.15 g 的地区，宜按抗震设防烈度 8 度（0.20 g）时各类建筑的要求采取抗震构造措施。

5.2.4 弹性层间位移角限值

弹性层间位移角是楼层内最大弹性层间位移与层高的比值。在风荷载或多遇地震作用下，结构楼层内最大的弹性层间位移应符合表 5.4 的规定。

表 5.4 弹性层间位移角限值

结构类型	弹性层间位移角限值
装配整体式框架结构	1/500
装配整体式框架-现浇剪力墙结构 装配整体式框架-现浇核心筒结构	1/800
装配整体式剪力墙结构 装配整体式部分框支剪力墙结构	1/1000

5.2.5 等同现浇设计

①当预制构件之间采用后浇带连接且接缝构造及承载力满足现行标准与规范的相应要求时，可按现浇混凝土结构进行模拟。

装配式混凝土结构中，存在等同现浇的湿式连接节点，也存在非等同现浇的湿式或者干式连接节点。对于现行标准与规范中列入的各种现浇连接接缝构造，如框架节点梁端接缝、预制剪力墙竖向接缝等，已经有了很充分的试验研究，当其构造及承载力满足本标准中的相应要求时，均能够实现等同现浇的要求，因此弹性分析模型可按照等同于连续现浇的混凝土结构来模拟。

②对于现行标准与规范中未包含的连接节点及接缝形式，应按照实际情况模拟。

对于现行标准与规范中未列入的节点及接缝构造，当有充足的试验依据表明其能够满足等同现浇的要求时，可按照连续的混凝土结构进行模拟，不考虑接缝对结构刚度的影响。所谓充足的试验依据，是指连接构造及采用此构造连接的构件，在常用参数（如构件尺寸、配筋率等）、各种受力状态下（如弯、剪、扭或复合受力、静力及地震作用）的受力性能均进行过试验研究，试验结果能够证明其与同样尺寸的现浇构件具有基本相同的承载力、刚度、变形能力、延性、耗能能力等方面的性能水平。

对于干式连接节点，一般应根据其实际受力状况模拟为刚接、铰接或者半刚接节点。如梁、柱之间采用牛腿、企口搭接，其钢筋不连接时，则模拟为铰接节点；如梁柱之间采用后张预应力压紧连接或螺栓压紧连接,一般应模拟为半刚性节点。计算模型中应包含连接节点,并准确计算出节点内力,以进行节点连接件及预埋件的承载力复核。连接的实际刚度可通过试验或者有限元分析获得。

5.2.6 其他

高层建筑装配整体式混凝土结构应符合下列规定:

①宜设置地下室,地下室宜采用现浇混凝土;地下室顶板作为上部结构的嵌固部位时,宜采用现浇混凝土以保证其嵌固作用。对嵌固作用没有直接影响的地下室结构构件,当有可靠依据时,也可采用预制混凝土。

震害调查表明,有地下室的高层建筑破坏比较轻,而且有地下室对提高地基的承载力有利;高层建筑设置地下室,可以提高其在风、地震作用下的抗倾覆能力。因此,高层建筑装配整体式混凝土结构宜规定设置地下室。地下室顶板作为上部结构的嵌固部位时,宜采用现浇混凝土以保证其嵌固作用。对嵌固作用没有直接影响的地下室结构构件,当有可靠依据时,也可采用预制混凝土。

②剪力墙结构和部分框支剪力墙结构底部加强部位宜采用现浇混凝土。

高层建筑装配整体式剪力墙结构和部分框支剪力墙结构的底部加强部位是结构抵抗罕遇地震的关键部位。弹塑性分析和实际震害均表明,底部墙肢的损伤往往较上部墙肢严重,因此对底部墙肢的延性和耗能能力的要求较上部墙肢高。目前,高层建筑装配整体式剪力墙结构和部分框支剪力墙结构的预制剪力墙竖向钢筋连接接头面积百分率通常为100%,其抗震性能尚无实际震害经验,对其抗震性能的研究以构件试验为主,整体结构试验研究偏少,剪力墙墙肢的主要塑性发展区域采用现浇混凝土有利于保证结构整体抗震能力。因此,高层建筑剪力墙结构和部分框支剪力墙结构的底部加强部位的竖向构件宜采用现浇混凝土。

③框架结构的首层柱宜采用现浇混凝土,顶层宜采用现浇楼盖结构。

高层建筑装配整体式框架结构,首层的剪切变形远大于其他各层。震害表明,首层柱底出现塑性铰的框架结构,其倒塌的可能性大。试验研究表明,预制柱底的塑性铰与现浇柱底的塑性铰有一定的差别。在目前设计和施工经验尚不充分的情况下,高层建筑框架结构的首层柱宜采用现浇柱,以保证结构的抗地震倒塌能力。

④当底部加强部位的剪力墙、框架结构的首层柱采用预制混凝土时,应采取可靠的技术措施。

当高层建筑装配整体式剪力墙结构和部分框支剪力墙结构的底部加强部位及框架结构首层柱采用预制混凝土时,应进行专门研究和论证,采取特别的加强措施,严格控制构件加工和现场施工质量。在研究和论证过程中,应重点提高连接接头性能、优化结构布置和构造措施,提高关键构件和部位的承载能力,尤其是柱底接缝与剪力墙水平接缝的承载能力,确保实现“强柱弱梁”的目标,并对大震作用下首层柱和剪力墙底部加强部位的塑性发展程度进行控制。必要时应进行试验验证。

⑤结构转换层宜采用现浇楼盖。屋面层和平面受力复杂的楼层宜采用现浇楼盖;当采用叠合楼盖时,需提高后浇混凝土叠合层的厚度和配筋要求,楼板的后浇混凝土叠合层厚度不应小于 100 mm,且后浇层内应采用双向通长配筋,钢筋直径不宜小于 8 mm,间距不宜大于 200 mm,同时叠合楼板应设置桁架钢筋。

5.3 设备及管线设计

5.3.1 一般规定

设备与管线系统是指由给水排水、供暖通风空调、电气和智能化、燃气等设备与管线组合而成,满足建筑使用功能的整体。

目前的建筑,尤其是住宅建筑,一般均将设备管线埋在楼板现浇混凝土或墙体中,把使用年限不同的主体结构和管线设备混在一起建造。若干年后,大量的建筑虽然主体结构尚可,但装修和设备等早已老化,改造更新困难,甚至不得不拆除重建,缩短了建筑使用寿命。因此,装配式混凝土建筑的设备与管线宜与主体结构相分离,应方便维修更换,且不应影响主体结构安全。这种将设备与管线设置在结构系统之外的方式称为管线分离(图 5.1)。

图 5.1 管线分离

装配式混凝土建筑的设备与管线宜采用集成化技术,标准化设计,当采用集成化新技术、新产品时应有可靠依据。设备与管线应合理选型,准确定位。设备和管线设计应与建筑设计同步进行,预留预埋应满足结构专业相关要求。装配式混凝土建筑的设备与管线设计宜采用建筑信息模型(BIM)技术。在结构深化设计以前,可以采用包含 BIM 在内的多种技术手段开展三维管线综合设计,对各专业管线在预制构件上预留的套管、开孔、开槽位置尺寸进行综合及优化,形成标准化方案,并做好精细设计以及定位,避免错漏碰缺,降低生产及施工成本,减少现场返工。不得在安装完成后的预制构件上剔凿沟槽、打孔开洞。穿越楼板管线较多且集中的区域可采用现浇楼板。

装配式混凝土建筑的部品与配管连接、配管与主管道连接及部品间连接应采用标准化接口,且应方便安装使用维护。

装配式混凝土建筑的设备与管线宜在架空层或吊顶内设置。公共管线、阀门、检修口、计量仪表、电表箱、配电箱、智能化配线箱等，应统一集中设置在公共区域。设备与管线穿越楼板和墙体时，应采取防水、防火、隔声、密封等措施。

5.3.2 给水排水

装配式混凝土建筑冲厕宜采用非传统水源。当市政中水条件不完善时，居住建筑冲厕用水可采用模块化户内中水集成系统，同时应做好防水处理。

装配式混凝土建筑给水系统设计应符合下列规定：

①给水系统配水管道与部品的接口形式及位置应便于检修更换，并应采取措施避免结构或温度变形对给水管道接口产生影响。

②给水分水器与用水器具的管道接口应一对一连接，在架空层或吊顶内敷设时，中间不得有连接配件，分水器设置位置应便于检修，并宜有排水措施。

③宜采用装配式的管线及其配件连接。

④敷设在吊顶或楼地面架空层的给水管道应采取防腐蚀、隔声减噪和防结露等措施。

在建筑排水系统中，器具排水管及排水支管不穿越本层结构楼板到下层空间、与卫生器具同层敷设并接入排水立管的排水方式，称为同层排水（图5.2）。装配式混凝土建筑的排水系统宜采用同层排水技术，同层排水管道敷设在架空层时，宜设积水排出措施。

装配式混凝土建筑的太阳能热水系统应与建筑一体化设计（图5.3）。

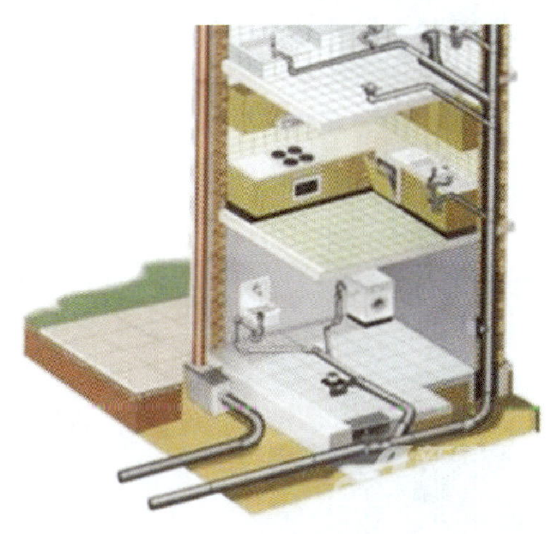

图5.2 同层排水示意图

图5.3 太阳能热水系统示意图

装配式混凝土建筑应选用耐腐蚀、使用寿命长、降噪性能好、便于安装及维修的管材、管件，以及连接可靠、密封性能好的管道阀门设备。

5.3.3 电气和智能化

装配式混凝土建筑的电气和智能化设备与管线的设计，应满足预制构件工厂化生产、施工安装及使用维护的要求。

装配式混凝土建筑的电气和智能化设备与管线设置及安装应符合下列规定：

①电气和智能化系统的竖向主干线应在公共区域的电气竖井内设置。

②配电箱、智能化配线箱不宜安装在预制构件上。

③当大型灯具、桥架、母线、配电设备等安装在预制构件上时，应采用预留预埋件固定。

④设置在预制构件上的接线盒、连接管等应做预留，出线口和接线盒应准确定位。

⑤不应在预制构件受力部位和节点连接区域设置孔洞及接线盒，隔墙两侧的电气和智能化设备不应直接连通设置。

装配式混凝土建筑的防雷设计应符合下列规定：

①当利用预制剪力墙、预制柱内的部分钢筋作为防雷引下线时，预制构件内作为防雷引下线的钢筋应在构件接缝处作可靠的电气连接，并在构件接缝处预留施工空间及条件，连接部位应有永久性明显标记。

②建筑外墙上的金属管道、栏杆、门窗等金属物需要与防雷装置连接时，应与相关预制构件内部的金属件连接成电气通路。

③设置等电位连接的场所，各构件内的钢筋应作可靠的电气连接，并与等电位连接箱连通。

5.3.4 供暖、通风、空调及燃机

装配式混凝土建筑应采用适宜的节能技术，维持良好的热舒适性，降低建筑能耗，减少环境污染，并充分利用自然通风。其通风、供暖和空调等设备均应选用能效比高的节能型产品，以降低能耗。

供暖系统宜采用适宜于干式工法施工的低温地板辐射供暖产品。但集成式卫浴和同层排水的架空地板下面由于有很多给水和排水管道，为了方便检修，不建议采用地板辐射供暖方式，宜采用散热器供暖。

当墙板或楼板上安装供暖与空调设备时，其连接处应采取加强措施（图 5.4）。当采用散热器供暖系统时，散热器安装应牢固可靠，安装在轻钢龙骨隔墙上时，应采用隐形支架固定在结构受力件上；安装在预制复合墙体上时，其挂件应预埋在实体结构上，挂件应满足刚度要求；当采用预留孔洞安装散热器挂件时，预留孔洞的深度应不小于 120 mm。

图 5.4 悬挂散热器的墙体应采取加强措施

5.4 内装系统设计

5.4.1 一般规定

内装系统是指由楼地面、墙面、轻质隔墙、吊顶、内门窗、厨房和卫生间等组合而成,满足建筑空间使用要求的整体。

(1)一体化协同设计

装配式混凝土建筑的内装设计应遵循标准化设计和模数协调的原则,宜采用建筑信息模型(BIM)技术与结构系统、外围护系统、设备管线系统进行一体化设计。从目前建筑行业的工作模式来说,都是先建筑各专业的设计之后再进行内装设计。这种模式使得后期的内装设计经常要对建筑设计的图纸进行修改和调整,造成施工时的拆改和浪费。因此,装配式混凝土建筑的内装设计应与建筑各专业进行协同设计。

(2)管线分离

装配式混凝土建筑的内装设计应满足内装部品的连接、检修更换和设备及管线使用年限的要求,宜采用管线分离。从实现建筑长寿化和可持续发展理念出发,采用内装与主体结构、设备管线分离是为了将长寿命的结构与短寿命的内装、机电管线之间取得协调,避免设备管线和内装的更换维修对长寿命的主体结构造成破坏,影响结构的耐久性。

(3)干式工法

干式工法是指采用干作业施工的建造方法。现场采用干作业施工工艺的干式工法是装配式建筑的核心内容。我国传统现场具有湿作业多、施工精度差、工序复杂、建造周期长、依赖现场工人水平和施工质量难以保证等问题,干式工法作业可实现高精度、高效率和高品质(图5.5)。

图5.5 干式工法地面施工工艺

(4)装配式装修

采用干式工法,将工厂生产的内装部品在现场进行组合安装的装修方式,称为装配式装修。装配式混凝土建筑宜采用工业化生产的集成化部品进行装配式装修。推进装配式装修是推动装配式发展的重要方向。采用装配式装修的设计建造方式具有5个方面优势：

①部品在工厂制作，现场采用干式作业，可以最大限度保证产品质量和性能。

②提高劳动生产率，节省大量人工和管理费用，大大缩短建设周期，综合效益明显，从而降低生产成本。

③节能环保，减少原材料的浪费，施工现场大部分为干式工法，减少噪声、粉尘和建筑垃圾等污染。

④便于维护，降低了后期运营维护的难度，为部品更换创造了可能。

⑤工业化生产的方式有效解决了施工生产的尺寸误差和模数接口问题。

(5)全装修

全装修是指所有功能空间的固定面装修和设备设施全部安装完成，达到建筑使用功能和建筑性能的状态。全装修强调了作为建筑的功能和性能的完备性。装配式建筑的最低要求应该定位在具备完整功能的成品形态，不能割裂结构、装修，底线是交付成品建筑。推进全装修，有利于提升装修集约化水平，提高建筑性能和消费者的生活质量，带动相关产业发展。全装修是房地产市场成熟的重要标志，是与国际接轨的必然发展趋势，也是推进我国建筑产业健康发展的重要路径。

(6)其他

装配式混凝土建筑的内装部品与室内管线应与预制构件的深化设计紧密配合，预留接口位置应准确到位。

装配式混凝土建筑应在内装设计阶段对部品进行统一编号，在生产、安装阶段按编号实施。

5.4.2 内装部品设计选型

装配式混凝土建筑应在建筑设计阶段对轻质隔墙系统、吊顶系统、楼地面系统、墙面系统、集成式厨房、集成式卫生间、内门窗等进行部品设计选型。装配式建筑的内装设计与传统内装设计的区别之一就是部品选型的概念，部品是装配式建筑的组成基本单元，具有标准化、系列化、通用化的特点。装配式建筑的内装设计更注重通过对标准化、系列化的内装部品选型来实现内装的功能和效果。

内装部品应与室内管线进行集成设计，并应满足干式工法的要求。内装部品应具有通用性和互换性。采用管线分离时，室内管线的敷设通常是设置在墙、地面架空层、吊顶或轻质隔墙空腔内，将内装部品与室内管线进行集成设计，会提高部品集成度和安装效率，责任划分也更加明确。

1)装配式隔墙、吊顶、楼地面

装配式隔墙、吊顶和楼地面是由工厂生产的，具有隔声、防火、防潮等性能，且满足空间功能和美学要求的部品集成，并主要采用干式工法装配而成的隔墙、吊顶和楼地面。装配式混凝土建筑宜采用装配式隔墙、吊顶和楼地面。墙面系统宜选用具有高差调平作用的部品，并应与室内管线进行集成设计(图5.6)。

轻质隔墙系统宜结合室内管线的敷设进行构造设计，避免管线安装和维修更换对墙体造成破坏；应满足不同功能房间的隔声要求；应在吊挂空调、画框等部位设置加强板或采取其他可靠加固措施。

吊顶系统设计应满足室内净高的需求，并宜在预制楼板（梁）内预留吊顶、桥架、管线等安装所需预埋件；应在吊顶内设备管线集中部位设置检修口。

楼地面系统宜选用集成化部品系统，并应保证楼地面系统的承载力满足房间使用要求。为实现管线分离，装配式混凝土建筑宜设置架空地板系统。架空地板系统宜设置减振构造。架空地板系统的架空高度应根据管径尺寸、敷设路径、设置坡度等确定，并应设置检修口。在住宅建筑中，应考虑设置架空地板对住宅层高的影响。

图5.6 装配式隔墙

发展装配式隔墙、吊顶和楼地面部品技术，是我国装配化装修和内装产业化发展的主要内容。以轻钢龙骨石膏板体系的装配式隔墙、吊顶为例，其主要特点如下：

①干式工法，实现建造周期缩短60%以上。

②减少室内墙体占用面积，提高建筑的得房率。

③防火、保温、隔声、环保及安全性能全面提升。

④资源再生，利用率在90%以上。

⑤空间重新分割方便。

⑥健康环保性能提高，可有效调整湿度增加舒适感。

2）集成式厨卫

集成式厨房是指由工厂生产的楼地面、吊顶、墙面、橱柜和厨房设备及管线等集成并主要采用干式工法装配而成的厨房。集成式卫生间是指由工厂生产的楼地面、墙面（板）、吊顶和洁具设备及管线等集成并主要采用干式工法装配而成的卫生间。集成式厨房、集成式卫生间是装配式建筑装饰装修的重要组成部分，其设计应按照标准化、系统化原则，并符合干式工法施工的要求，在制作和加工阶段全部实现装配化。集成式厨房设计应合理设置洗涤池、灶具、操作台、排油烟机等设施，并预留厨房电气设施的位置和接口；应预留燃气热水器及排烟管道的安装及留孔条件；给水排水、燃气管线等应集中设置、合理定位，并在连接处设置检修口。集成式卫生间宜采用干湿分离的布置方式，湿区可采用标准化整体卫浴产品。集成式卫生间应综合考虑洗衣机、排气扇（管）、暖风机等的设置，并应在给水排水、电气管线等连接处设置检修口。

5.4.3 接口与连接

(1)标准化接口

标准化接口是指具有统一的尺寸规格与参数,并满足公差配合及模数协调的接口。在装配式建筑中,接口主要是两个独立系统、模块或者部品部件之间的共享边界。接口的标准化,可以实现通用性以及互换性。

装配式混凝土建筑的内装部品应具有通用性和互换性。采用标准化接口的内装部品,可有效避免出现不同内装部品系列接口的非兼容性。在内装部品的设计上,应严格遵守标准化、模数化的相关要求,提高部品之间的兼容性。

(2)连接

装配式混凝土建筑的内装部品、室内设备管线与主体结构的连接在设计阶段宜明确主体结构的开洞尺寸及准确定位。连接宜采用预留预埋的安装方式;当采用其他安装固定方法时,不应影响预制构件的完整性与结构安全。内装部品接口应做到位置固定,连接合理,拆装方便,使用可靠。

轻质隔墙系统的墙板接缝处应进行密封处理。隔墙端部与结构系统应有可靠连接。门窗部品收口部位宜采用工厂化门窗套。集成式卫生间采用防水底盘时,防水底盘的固定安装不应破坏结构防水层;防水底盘与壁板、壁板与壁板之间应有可靠连接设计,并保证水密性。

5.5 深化设计

拆分设计

构件深化

装配式混凝土建筑深化设计,是指在设计单位提供的施工图的基础上,结合装配式混凝土建筑特点以及参建各方的生产和施工能力,对图纸进行细化、补充和完善,制作能够直接指导预制构件生产和现场安装施工的图纸,并经原设计单位签字确认。装配式混凝土建筑深化设计也被称为二次设计;用于指导预制构件生产的深化设计也被称为构件拆分设计(图5.7)。

5.5.1 深化设计的基本原则

①应满足建设、制作、施工各方需求,加强与建筑、结构、设备、装修等专业间配合,方便工厂制作和现场安装。

②结构方案及设计方法应满足现行国家规范和标准的规定。

③应采取有效措施加强结构整体性。

④装配式混凝土结构宜采用高强混凝土、高强钢筋。

⑤装配式混凝土结构的节点和接缝应受力明确、构造可靠,并应满足承载力、延性和耐久性等要求。

⑥应根据连接节点和接缝的构造方式和性能,确定结构的整体计算模型。结构设计提倡湿法连接,少用干法连接,但对别墅类建筑可用干法连接以提高工作效率。

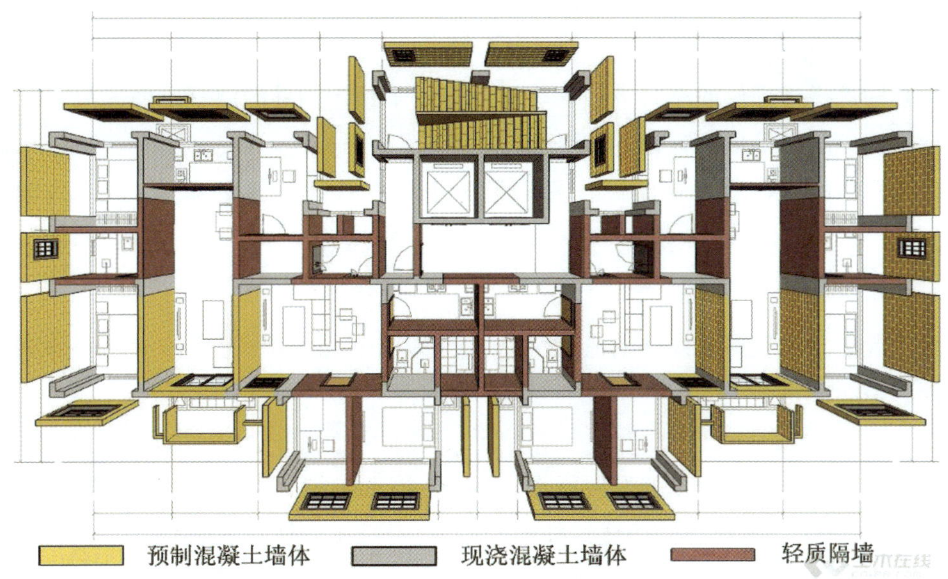

图5.7　拆分设计示意图

⑦当建筑结构超限时，不建议采用预制装配的建造方式；如必须采用，其建造方案需经专家论证。

5.5.2　深化设计的内容

装配式混凝土结构工程施工前，应由相关单位完成深化设计，并经原设计单位确认。预制构件的深化设计图应包括但不限于下列内容：

①预制构件模板图、配筋图、预埋吊件及各种预埋件的细部构造图等。

②夹心保温外墙板，应绘制内外叶墙板拉结件布置图及保温板排板图。

③水、电线、管、盒预埋预设布置图。

④预制构件脱模、翻转过程中混凝土强度及预埋吊件的承载力的验算。

⑤节能保温设计图。

⑥面层装饰设计图。

⑦对带饰面砖或饰面板的构件，应绘制排砖图或排板图。

5.5.3　构件拆分要点

①预制构件的设计应满足标准化的要求，宜采用建筑信息化模型（BIM）技术进行一体化设计，确保预制构件的钢筋与预留洞口、预埋件等相协调，简化预制构件连接节点施工。

②预制构件的形状、尺寸、质量等应满足制作、运输、安装各环节的要求。

③预制构件的配筋设计应便于工厂化生产和现场连接。

④预制构件应尽量减少梁、板、墙、柱等预制结构构件的种类，保证模板能够多次重复使用，以降低造价。

⑤构件在安装过程中，钢筋对位直接制约构件的连接效率，故宜采用大直径、大间距的

配筋方式，以便于现场钢筋的对位和连接。

5.5.4 构件拼接要求

①预制构件拼接部位的混凝土强度等级不应低于预制构件的混凝土强度等级。

②预制构件的拼接位置宜设置在受力较小部位。

③预制构件的拼接应考虑温度作用和混凝土收缩徐变的不利影响，宜适当增加构造配筋。

5.5.5 深化设计流程

装配式混凝土建筑深化设计的流程大致可分为以下几个步骤：整体策划→方案设计→施工图设计→图纸审查。

1）整体策划

对工程所在地建筑产业化的发展程度、政府要求以及项目案例等进行调查研究，与项目参建各方充分沟通，了解建筑物或建筑物群的基本信息、结构体系、项目实施的目标要求，并掌握现阶段预制构件制作水平、工人操作与安装技术水平等。结合以上信息，确定工程的装配率、构件类型、结构体系等。

2）方案设计

方案设计的质量对项目设计起着决定性的作用。为保证项目设计质量，务必要十分注重方案设计各环节的质量控制，从而在设计过程初期为设计质量奠定良好的基础。方案设计对于装配式建筑设计尤其重要，除应满足有关设计规范要求外，还必须考虑装配式构件生产、运输、安装等环节的问题，并为结构设计创造良好的条件。

装配式混凝土结构方案设计质量控制主要有以下几个方面：

①在方案设计阶段，各专业应充分配合，结合建筑功能与造型，规划好建筑各部位拟采用的工业化、标准化预制混凝土构配件。在总体规划中，应考虑构配件的制作和堆放，以及起重运输设备服务半径所需空间。

②在满足建筑使用功能的前提下，采用标准化、系列化设计方法，满足体系化设计的要求，充分考虑构配件的标准化、模数化，使建筑空间尽量符合模数，建筑造型尽量规整，避免异形构件和特殊造型，通过不同单元的组合达到立面效果的丰富。

③平面设计上，宜简单、对称、规则，不应采用严重不规则的平面布置，宜采用大开间、大进深的平面布局。

承重墙、柱等竖向构件宜上、下连续，门窗洞口宜上、下对齐、成列布置，平面位置和尺寸应满足结构受力及预制构件设计要求，剪力墙结构不宜用于转角处。厨房与卫生间的平面布置应合理，其平面尺寸宜满足标准化整体橱柜及整体卫浴的要求。

④外墙设计应满足建筑外立面多样化和经济美观的要求。外墙饰面宜采用耐久、不易污染的材料。采用反打一次成型的外墙饰面材料，其规格尺寸、材质类别、连接构造等应进行工艺试验验证。空调板宜集中布置，并宜与阳台合并设置。

⑤方案设计中，应遵守模数协调的原则，做到建筑与部品模数协调、部品之间的模数协

调以及部品的集成化和工业化生产，实现土建与装修在模数协调原则下的一体化，并做到装修一次性到位。

⑥构件的尺寸、类型等应结合当地生产实际，并考虑运输设备、运输路线、吊装能力等因素，必要的时候进行经济性测算和方案比选。另外，因地制宜地积极采用新材料、新产品和新技术。

⑦设计优化。设计方案完成后应组织各个层面的人员进行方案会审，首先是设计单位内部，包括各专业负责人、专业总工等；其次是建设单位、使用单位、项目管理单位以及构配件生产厂家、设备生产厂家等，必要时组织专家评审会；再次各个层面的人分别从不同的角度对设计方案提出优化的意见。最后设计方案应报当地规划管理部门审批并公示。

3）施工图设计

施工图设计工作量大、期限长、内容广。施工图设计文件作为项目设计的最终成果和项目后续阶段建设实施的直接依据，体现着设计过程的整体质量水平，设计文件编制深度以及完整准确程度等要求均高于方案设计和初步设计。施工图设计文件要在一定投资限额和进度下，满足设计质量目标要求，并经审图机构和政府相关主管部门审查。因此，施工图设计阶段的质量控制工作任重道远。

装配式混凝土结构施工图设计质量控制主要有以下几个方面：

①施工图设计应根据批准的初步设计编制，不得违反初步设计的设计原则和方案。

②施工图设计文件编制深度应满足《建筑工程设计文件编制深度规定》的要求，满足设备材料采购、非标准设备制作和施工的需要，以及满足编制施工图预算的需要，并作为项目后续阶段建设实施的依据。对于装配式结构工程，施工图设计文件还应满足进行预制构配件生产和施工深化设计的需要。

③解决建筑、结构、设备、装修等专业之间的冲突或矛盾，做好各专业工种之间的技术协调。建筑的部件之间、部件与设备之间的连接应采用标准化接口。设备管线应进行综合设计，减少平面交叉；竖向管线宜集中布置，并应满足维修更换的要求。

④施工图设计文件是构件生产和施工安装的依据，必须保证它的可施工性。否则，在项目开展的过程中容易导致施工困难等问题，甚至影响项目的正常实施。可以采取构件生产厂家和施工单位提前介入参与设计讨论的方式，确保施工图纸的可实施性。

⑤采用 BIM 技术。采用 BIM 技术进行构件设计，模拟生产、安装施工，进行碰撞检查，提前发现设计中存在的问题。

4）图纸审查

我国强制执行施工图设计文件审查制度。施工图完成后必须经施工图审查机构按照有关法律、法规，对施工图涉及公共利益、公众安全和工程建设强制性标准的内容进行审查。施工图未经审查合格的，不得使用。从事房屋建筑工程、市政基础设施工程施工、监理等活动，以及实施对房屋建筑和市政基础设施工程质量安全监督管理，应当以审查合格的施工图为依据。涉及建筑功能改变、结构安全及节能改变的重大变更应重新送审图机构进行审查。

施工图审查机构应对装配式混凝土建筑的结构构件拆分及节点连接设计、装饰装修及机电安装预留预埋设计、重大风险源专项设计等涉及结构安全和主要使用功能的关键环节进行重点审查。对施工图设计文件中采取的新技术、超限结构体系等涉及工程结构安全且无国家和地方技术标准的，应当由设区市及以上建设行政主管部门组织专家评审，出具评审意见，施工图审查机构应当依据评审意见和有关规定进行审查。

课后习题

1. 装配式混凝土建筑的房屋最大适用高度应满足哪些规定？
2. 高层建筑装配整体式混凝土结构对地下室和底部楼层有哪些要求？
3. 装配式混凝土建筑对内装系统有哪些规定？
4. 简述装配式混凝土建筑深化设计的基本原则。

第 6 章　装配式混凝土构件生产

6.1　预制构件厂

装配式混凝土构件的生产，按照生产场地分类，可分为施工现场生产和工厂化生产两种。对于预制构件数量少、工艺简单、施工现场条件允许的项目，可采用在施工现场生产的方式。但是，对于装配式混凝土建筑，由于预制构件需求量大，构件种类多，生产工艺复杂，施工现场普遍不具有生产条件，故多采用在预制构件厂生产的方式。本章节主要针对在预制构件厂生产的方式进行讲述。

6.1.1　生产企业

预制构件生产企业应遵守国家及地方有关部门对硬件设施、人员配置、质量管理体系和质量检测手段等的规定。

①生产单位应具备保证产品质量要求的生产工艺设施、试验检测条件，建立完善的质量管理体系和制度。

完善的质量管理体系和制度是质量管理的前提条件和企业质量管理水平的体现。质量管理体系中应建立并保持与质量管理有关的文件形成和控制工作程序，该程序应包括文件的编制（获取）、审核、批准、发放、变更和保存等。

②生产单位宜建立质量可追溯的信息化管理系统。

生产单位宜采用现代化的信息管理系统，并建立统一的编码规则和标志系统。信息化管理系统应与生产单位的生产工艺流程相匹配，贯穿整个生产过程，并应与构件 BIM 信息模型有接口，有利于在生产全过程中控制构件生产质量，精确算量，并形成生产全过程记录文件及影像。预制构件表面预埋带无线射频芯片的标志卡（RFID 卡）有利于实现装配式建筑质量全过程控制和追溯，芯片中应存入生产过程及质量控制全部相关信息（图 6.1）。

③生产单位的检测、试验、张拉、计量等设备及仪器仪表均应检定合格，并应在有效期内使用。不具备试验能力的检验项目，应委托第三方检测机构进行试验。

在预制构件生产质量控制中需要进行有关钢筋、混凝土和构件成品等的日常试验和检测，预制构件企业应配备开展日常试验检测工作的试验室。通常是生产单位试验室应满足产品生产用原材料必试项目的试验检测要求，其他试验检测项目可委托有资质的检测机构进行。

图6.1 专用手持设备扫描埋入构件中的 RFID 芯片

④重视人员培训，逐步建立专业化的施工队伍。

根据装配式混凝土构件生产技术特点和管理要求，对管理人员及作业人员进行专项培训，严禁未培训上岗及培训不合格者上岗；要建立完善的内部教育和考核制度，通过定期培训考核和劳动竞赛等形式提高职工素质。

6.1.2 厂址建设

预制构件生产企业在进行构件厂建设时，应充分考虑以下因素：

(1)生产规模

生产规模就是构件生产企业每单位时间内可生产出符合国家规定质量标准的制品数量。生产规模大的企业可以为更多的建设项目提供预制构件，更好地为建设行业和广大人民服务的同时也能为企业创造更多的利益。但是，如果生产规模超过了当时装配式项目的市场占有率，就非常容易造成订单不饱满、生产线闲置的现象，造成企业资源的浪费。

(2)厂址定位

在确定厂址时，应充分考虑其与主要供货市场的运输距离。运输距离的增加往往会造成运输成本的增加，对生产企业不利。此外，还应考虑构件厂与主要生产原料供应企业之间的关系，便于企业购进原材料。由于预制构件生产具有较强的污染性，建议将构件厂的厂址选在郊区或远离人们生活聚居区的地点。

(3)良性发展

预制构件生产企业应积极吸纳先进的生产工艺，提高构件厂生产的机械化水平。构件厂应有符合标准的环保和节能的设备与技术，有符合相关标准要求的实验检验设备。

6.1.3 厂区规划

(1)规划设计的原则

①总平面设计必须执行国家的方针政策，按设计任务书进行。

②总平面设计必须以所在城市的总体规划、区域规划为依据,符合总体布局规划要求,如场地出入口位置、建筑体形、层数、高度、公建布置、绿化、环境等都应满足规划要求,与周围环境协调统一。同时,建设项目内的道路、管网应与市政道路与管网合理衔接,以满足生产、方便生活。

③总平面设计应结合地形、地质、水文、气象等自然条件,依山就势,因地制宜。

④建筑物之间的距离应满足生产、防火、日照、通风、抗震及管线布置等各方面要求。

⑤结合地形,合理地进行用地范围内的建筑物、构筑物、道路及其他工程设施之间的平面布置。

(2)主要建设内容

①生产车间。

②成品堆场。

③办公及生活配套设施。

④锅炉房、搅拌站等生产配套设施。

⑤园区综合管网。

⑥成品展示区。

(3)工厂设施布置

预制构件工厂设计的核心内容之一是厂内设施布置,即合理选择厂内设施(如混凝土搅拌、钢筋加工、预制、存放等生产设施,以及试验室、锅炉、配电室、生活区、办公室等辅助设施)的合理位置及关联方式,使得各种物资资源以最高效率组合为产品服务。

按照系统工程的观点,设施布置在提高设施系统整体功能上的意义比设备先进程度更大。在进行设施布置时,尽可能考虑遵守以下原则并考虑搬运要求:

①系统性原则:整体优化,不追求个别指标先进。

②近距离原则:在环境与条件允许的情况下,设施之间距离最短,减少无效运输,降低物流成本。

③场地与空间有效利用原则:空间充分利用,有利于节约资金。

④机械化原则:既要有利于自动化的发展,还要留有适当的余地。

⑤安全、方便原则:保证安全,不能一味追求运输距离最短。

⑥投资建设费用最小原则:使用最少的投资达到系统功能要求。

⑦便于科学管理和信息传递原则:信息传递与管理是实现科学管理的关键。

6.1.4 生产工艺布置

流水生产组织是大批量生产的典型组织形式。在流水生产组织中,劳动对象按制订的工艺路线及生产节拍,连续不断,按顺序通过各个工位,最终形成产品。这种生产方式工艺过程封闭,各工序时间基本相等或成简单的倍数关系,生产节奏性强,过程连续性好,能采用先进、高效的技术装备,能提高工人的操作熟练程度和效率,缩短生产周期。

按流水生产要求设计和组织的生产线称为流水生产线,简称流水线。按生产节拍性质可分为强制节拍流水线和自由节拍流水线;按自动化程度可分为自动化流水线、机械化流水线和手工流水线;按加工对象移动方式可分为移动式流水线和固定式流水线;按加工对象品种可分为单品种流水线和多品种流水线。结合以上划分,在各类预制构件方面典型的流水生产类型包括以下几项。

1)固定模台法

固定模台法的主要特点是模台固定不动,通过操作工人和生产机械的位置移动来完成构件的生产。固定模台法具有适用性好,管理简单,设备成本较低的特点,但难以机械化,人工消耗较多(图6.2)。这种生产方式主要应用于生产车间的自动化、机械化实力较弱的生产企业,或者用于生产同种产品数量少、生产难度大的预制构件。

图6.2 固定模台法工厂内景

2)流动模台法

流动模台法是指,在生产线上按工艺要求依次设置若干操作工位,工序交接时模台可沿生产线行走,构件生产时模台依次在正在进行的工艺工位停留,直至最终生产完成。这种生产方式机械化程度高,生产效率也高,可连续循环作业,便于实现自动化生产。目前,大多数的PC构件生产线采用流动模台法(图6.3)。本章也主要以流动模台法为基本生产方式进行生产工艺的介绍。

图6.3 流动模台法工厂内景

6.2 预制构件的生产设备与工具

6.2.1 预制构件的生产设备

预制构件生产设备通常包括混凝土制造设备、钢筋加工组装设备、材料出入及保管设备、成型设备、加热养护设备、搬运设备、起重设备、测试设备等。本节主要介绍流动模台法中常用的主要设备,包括模台、模台辊道、模台清理喷涂机、画线机、混凝土送料机、混凝土布料机、混凝土振动台、蒸养窑等。

1)模台

模台是预制构件生产的作业面,也是预制构件的底模板。目前常用的模台有不锈钢模台和碳钢模台。

模台面板宜选用整块的钢板制作,钢板厚度不宜小于10 mm。其尺寸应满足预制构件的制作尺寸要求,一般不小于3500 mm×9000 mm。模台表面必须平整,表面高低差在任意2 000 mm长度内不得超过2 mm,在气温变化较大的地区应设置伸缩缝(图6.4)。

图6.4 模台

2)模台辊道

模台辊道是实现模台沿生产线机械化行走的必要设备。模台辊道是由两侧的辊轮组成。工作时,辊轮同向辊动,带动上面的模台向下一道工序的作业地点移动。模台辊道应能合理控制模台的运行速度,并保证模台运行时不偏离不颠簸(图6.5)。

此外,模台辊道的规格应与模台对应。

3)模台清理喷涂机

模台清理喷涂机是对模台表面进行清理和喷涂脱模剂等生产所需剂液的一体化设备。目前国内预制构件生产企业发展不均衡,部分发展相对滞后的企业依然由人工来完成这部分工作。

图6.5 模台辊道

4）画线机

画线机是通过数控系统控制，根据设计图纸要求，在模台上进行全自动画线的设备（图6.6）。相比人工操作，画线机不仅对构件的定位更加准确，并且可以大大减少画线作业所用的时间。

图6.6 画线机

5）混凝土送料机

混凝土送料机是向混凝土布料机输送混凝土拌合物的设备（图6.7）。目前生产企业普遍应用的混凝土输送设备可通过手动、遥控和自动3种方式接收指令，按照指令以指定的速度移动或停止、与混凝土布料机联动或终止联动。

6）混凝土布料机

混凝土布料机，是预制构件生产线上向模台上的模具内浇筑混凝土的设备（图6.8）。布料机应能在生产线上方纵、横向移动，以满足将混凝土均匀浇筑在模具内的要求。布料机的储料斗应有足够的储料容量以保证混凝土浇筑作业的连续进行。布料口的高度应可调或

图6.7 混凝土送料机

图6.8 混凝土布料机

处于满足混凝土浇筑中自由下落高度的要求。布料机应有下料速度变频控制系统,实时调整下料速度。

7)混凝土振动台

混凝土振动台是预制构件生产线上用于实现混凝土振捣密实的设备(图6.9)。振动台具有振捣密实度好、作业时间短、噪声小等优点,非常适用于预制构件流水生产。

待振捣的预制混凝土构件必须牢固固定在工作台面上,构件不宜在工作台面上偏置,以保证振动均匀。振动台开启后振捣首个构件前需先试车,待空载3~5 min确定无误后方可投入使用。生产过程中如发现异常,应立即停止使用,待找出故障并修复后才能重新投入生产。

8)构件表面刮平机

构件表面刮平机用于在混凝土初凝前将混凝土表面刮平,使构件外观良好,质量可靠(图6.10)。

图6.9　混凝土振动台

图6.10　构件表面刮平机

9)蒸养窑

预制构件生产过程中,混凝土的养护采用在蒸养窑里蒸汽养护的做法。蒸养窑的尺寸、承重能力应满足待蒸养构件的尺寸和质量的要求,且其内部应能通过自动控制或远程手动控制对蒸养窑每个分仓里的温度进行控制。窑门启闭机构应灵敏、可靠,封闭性能强,不得泄漏蒸汽。此外,预制构件进出蒸养窑需要模台存取机配合(图6.11)。

图6.11　模台存取机及蒸养窑

10)翻板机

翻板机是用于翻转预制构件,使其调整到设计起吊状态的机械设备(图6.12)。

图6.12　翻板机

11)脱模机

脱模机是待预制构件达到脱模强度后将其吊离模台所用的机械。脱模机应有框架式吊梁,起吊脱模时按构件设计吊点起吊,并保持各吊点垂直受力(图6.13)。

图6.13　脱模机

6.2.2　模具

模具是专门用来生产预制构件的各种模板系统,可采用固定在生产场地的固定模具,也可采用移动模具。预制构件生产模具主要以钢模为主,对于形状复杂、数量少的构件也可采用木模或其他材料制作。清水混凝土预制构件建议采用精度较高的模具制作。流水线平台上的各种边模可采用玻璃钢、铝合金、高品质复合板等轻质材料制作。模具和台座的管理应由专人负责,并应建立健全模具设计、制作、改制、验收、使用和保管制度。

1)模具设计原则

预制构件生产过程中,模具设计的优劣直接决定了构件的质量、生产效率以及企业的成本,应引起足够的重视。模具设计应遵循以下原则:

(1)质量可靠

模具应能保证构件生产的顺利进行,保证生产出的构件的质量符合标准。因此,模具本身的质量应可靠。这里说的质量可靠,不仅是指模具在构件生产时不变形、不漏浆等,还指模具的方案应能实现构件的设计意图。这就要求模具应有足够的强度、刚度和稳定性,并能满足预制构件预留孔洞、插筋、预埋吊件及其他预埋件的要求。跨度较大的预制构件和预应力构件的模具应根据设计要求预设反拱。

(2)方便操作

模具的设计方案应能方便现场工人的实际操作。模具设计应保证在不损失模具精度的前提下合理控制模具组装时间,拆模时在不损坏构件的前提下方便工人拆卸模板。这就要求模具设计人员必须充分掌握构件的生产工艺。

(3)通用性强

模具设计方案还应实现模具的通用性,提高模具的重复利用率。对模具的重复利用,不仅能够降低构件生产企业的生产成本,也是节能环保、绿色生产的要求。

(4)方便运输

这里所说的运输,是指模具在生产车间内的位置移动。构件生产过程中,模具的运输是非常普遍的一项工作,其运输的难易程度对生产进度影响很大。因此,应通过受力计算尽可能地降低模板重量,力争达到不靠吊车,只需工人配合简单的水平运输工具就可以实现模具运输工作。

(5)使用寿命

模具的使用寿命将直接影响构件的制造成本。所以在模具设计时,应考虑赋予模具合理的刚度,增大模具周转次数,以避免模具损坏或变形,节省模具修补或更换的追加费用。

2)模具设计要求

预制构件模具以钢模为主,面板主材选用 Q235 钢板,支撑结构可选用型钢或者钢板,规格可根据模具形式选择,应满足以下要求:

①模具应具有足够的承载力、刚度和稳定性,保证在构件生产时能可靠承受浇筑混凝土的质量、侧压力及工作荷载。

②模具应支、拆方便,且应便于钢筋安装和混凝土浇筑、养护。

③模具的部件与部件之间应连接牢固;预制构件上的预埋件均应有可靠的固定措施。

3)模具设计要点

(1)叠合楼板模具设计要点

根据叠合楼板高度,可选用相应的角铁作为边模,当楼板四边有倒角时,可在角铁上后焊一块折弯后的钢板。

由于角铁组成的边模上开了许多豁口(供胡子筋伸出),导致长向的刚度不足,故需在侧模上设加强肋板,间距为 400 ~ 500 mm(图 6.14)。

(2)内墙板模具设计要点

由于内墙板就是混凝土实心墙体,一般没有造型。为了便于加工,可选用槽钢作为

图6.14　叠合楼板模具

边模。

内墙板两侧面和上表面均有外露筋且数量较多,需要在槽钢上开许多豁口,导致边模刚度不足,周转中容易变形,所以,应在边模上增设肋板(图6.15)。

图6.15　内墙板模具

(3)外墙板模具设计要点

外墙板一般采用“三明治”结构。为实现外立面的平整度,外墙板多采用反打工艺生产。根据浇筑顺序,可将模具分为两层,第一层为外叶层和保温层;第二层为内叶层。因为第一层模具是第二层模具的基础,在第一层的连接处需要加固。第二层的结构层模具同内墙板模具形式。结构层模具的定位螺栓较少,故需要增加拉杆定位,防止胀模。

预制构件的边模还可以用磁盒固定。在模台上用磁盒固定边模具有简单方便的优势,能够更好地满足流水线生产节拍需要。虽然磁盒在模台上的吸力很大,但是振动状态下抗剪切能力不足,容易造成偏移,影响几何尺寸,用磁盒生产高精度几何尺寸预制构件时,需要采取辅助定位措施。

(4)楼梯模具设计要点

楼梯模具可分为平式和立式两种模式(图6.16)。平式模具占用场地大,需要压光的面积也大,构件需多次翻转,故推荐设计为立式楼梯模具。楼梯模具设计的重点为楼梯踏步的处理,由于踏步成波浪形,钢板需折弯后拼接,拼缝的位置宜放在既不影响构件效果又便于操作的位置，拼缝的处理可采用焊接或冷拼接工艺。需要特别注意拼缝处的密封性，严禁出现漏浆现象。

（a）楼梯立式模具

（b）楼梯平式模具

图6.16 楼梯模具

4）模具的制作

模具的制作加工工序可概括为开料、零件制作、拼装成模。

（1）开料

依照零件图将零件所需的各部分材料按图纸尺寸裁制。部分精度要求较高的零件、裁制好的板材还需要进行精加工来保证其尺寸精度符合要求。

（2）零件制作

将裁制好的材料依照零件图进行折弯、焊接、打磨等制成零件。部分零件因其外形尺寸对产品质量影响较大，为保证产品质量，焊接好的零件还需对其局部尺寸进行精加工。

（3）拼装成模

将制成的各零件依照组装图拼模。拼模时，应保证各相关尺寸达到精度要求。待所有尺寸均符合要求后，安装定位销及连接螺栓，随后安装定位机构和调节机构。再次复核各相关尺寸，若无问题，模具即可交付使用。

5）模具的使用要求

①由于每套模具被分解得较零碎，应对模具按顺序统一编号，防止错用。

②模具组装时，边模上的连接螺栓和定位销一个都不能少，必须紧固到位。为了构件脱模时边模顺利拆卸，防漏浆的部件必须安装到位。

③在预制构件蒸汽养护之前，应把吊模和防漏浆的部件拆除。吊模是指下部没有支撑而悬在空中的模板，多采用悬吊等方式固定。选择此时拆除的原因是吊模好拆卸，在流水线上不占用上部空间，可降低蒸养窑的层高；混凝土几乎还没有强度，防漏浆的部件很容易拆除，若等到脱模时，防漏浆部件、混凝土和边模会紧紧地粘在一起，极难拆除。因此，防漏浆部件必须在蒸汽养护之前拆掉。

④当构件脱模时，首先将边模上的连接螺栓和定位销全部拆卸掉，为了保证模具的使用寿命，禁止使用大锤。

⑤在模具暂时不使用时，应对模具进行养护，需在模具上涂刷一层机油，防止腐蚀。

6.2.3 构件生产常用工具

1)磁性固定装置

预制构件生产中的磁性固定装置,包括边模固定磁盒(图6.17)及其连接附件、磁力边模、磁性倒角条以及各种预埋件固定磁座。使用磁性固定装置,对平台没有任何损伤,拆卸快捷方便,磁盒可以重复使用,不但提高效率,也具有很高的经济实用性。磁性固定装置已经在国内得到越来越广泛的重视和应用。

边模固定磁盒可利用强磁芯与钢模台的吸附力,通过导杆传递至不锈钢外壳上,用卡口横向定位,同时用高硬度可调节紧固螺丝产生强大的下压力,直接或通过其他紧固件传递压力,从而将模具牢牢地固定于模台上。

图6.17 边模固定磁盒

2)新型接驳器

接驳器是使两种构件无缝连接的工具,在预制混凝土构件生产中,接驳器多指预制构件与吊运设备连接的工具。

随着预制构件的制作和安装技术的发展,国内外出现了多种新型的专门用于连接新型吊点的接驳器,包括各种用于圆头吊钉的接驳器、套筒吊钉的接驳器(图6.18)、平板吊钉的接驳器。它们具有接驳快速、使用安全等特点,得到了广泛应用。

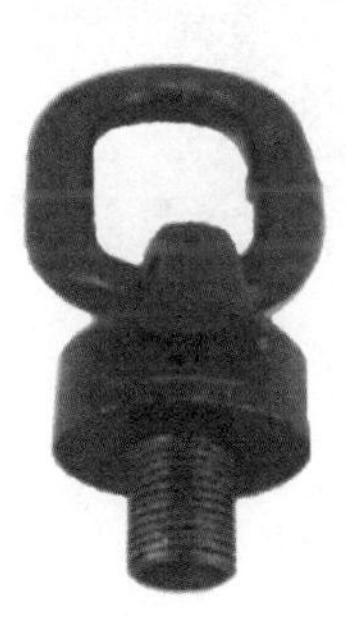

图6.18 套筒吊钉接驳器

3)防尘帽和防尘盖

防尘帽和防尘盖(图6.19)是用于保护密封内螺纹埋件,防止螺纹堵塞或受到污染锈蚀的工具。使用时应保证防尘帽或防尘盖的规格与其所保护的螺纹埋件对应。防尘帽和防尘盖可以重复进行使用,但必须保证使用后及时拆卸、回收并清理保养。

图6.19 防尘帽与防尘盖

4)封浆插板

封浆插板是为了封堵边模“胡子筋”开槽,阻挡混凝土浆溢出的工具(图6.20),多用于边模为角钢、钢筋开口是U形槽的构件生产。使用时应注意,当混凝土接近无流动状态时应及时将封浆插板拆卸清理回收,以增加封浆插板的重复利用率。

图6.20 封浆插板

5)边模夹具

边模夹具是预制过程中用来迅速、方便、安全地固定边模,使之拼装成整体并准确定位的装置。边模夹具种类多样,图6.21所示为其中一种。

图6.21 边模夹具

6.3 预制构件生产

外墙生产工艺流程(无窗)

内墙生产工艺流程

叠合板生产工艺流程

阳台板生产工艺流程

空调板生产工艺流程

楼梯生产工艺流程

预制构件生产的通用工艺流程为:编制生产方案→模具设计与制作→模台清理、组装边模、涂脱模剂→模具组装→钢筋加工绑扎→水电、预埋件、门窗预埋→隐蔽工程验收→混凝土浇筑→混凝土振捣→混凝土养护→脱模、起吊→表面处理→质检→构件标识→构件成品入库或运输。

1)编制生产方案

预制构件生产前应编制生产方案,生产方案宜包括生产计划及生产工艺、模具方案及计划、技术质量控制措施、成品存放、运输和保护方案等。

2)模台清理、组装边模、涂脱模剂

将上一生产循环用于构件制作的模台上残留的杂物清理干净,并按照构件生产工艺的要求组装边模,在模台表面和边模上涂抹脱模剂(图6.22)。模台清理可以应用模台清理机进行,也可由人工完成,但务必保证模台表面无混凝土或砂浆残留。

图6.22 组装后的模具

3)钢筋加工绑扎

钢筋骨架、钢筋网片和预埋件必须严格按照构件加工图及下料单要求制作。首件钢筋制作,必须通知技术、质检及相关部门检查验收。制作过程中应当定期、定量检查,对于不符合设计要求及超过允许偏差的一律不得绑扎,按废料处理。

为提高生产效率,钢筋宜采用机械加工的成型钢筋。叠合板类构件中的钢筋桁架加工工艺复杂,质量控制较难,应使用专业化生产的成型钢筋桁架。

钢筋网、钢筋骨架应满足构件设计图纸要求,宜采用专用钢筋定位件,入模时钢筋骨架尺寸应准确,骨架吊装时应采用多吊点的专用吊架,防止骨架产生变形。保护层垫块宜采用塑料类垫块,且应与钢筋骨架或网片绑扎牢固,垫块按梅花状布置,间距应满足钢筋限位及控制变形的要求。钢筋骨架入模时应平直、无损伤,表面不得有油污或者锈蚀。应按构件图纸安装好钢筋连接套管、连接件、预埋件。

纵向钢筋及需要套丝的钢筋,不得使用切断机下料,必须保证钢筋两端平整,套丝长度、丝距及角度必须严格按照图纸设计要求。与半灌浆套筒连接的纵向钢筋应按产品要求套丝,梁底部纵筋按照国标要求套丝。

预制构件表面的预埋件、螺栓孔和预留孔洞应按构件模板图进行配置,应满足预制构件吊装、制作工况下的安全性、耐久性和稳定性(图6.23)。

图6.23 钢筋加工绑扎

4)水电、预埋件、门窗预埋

固定预埋件前,应检查预埋件型号、材料用量、级别、规格尺寸、预埋件平整度、锚固长度、预埋件焊接质量等。预埋件的固定必须位置准确,在混凝土浇筑、振捣过程中不得发生移位(图6.24)。

图6.24 安放预埋件

预埋电线盒、电线管或其他管线时,必须与模板或钢筋固定牢固,并将孔隙堵塞严密,避免水泥砂浆进入。预埋螺栓、吊具等应采用工具式卡具固定,并应保护好丝扣。

预埋钢筋套筒应使用定位螺栓固定在侧模上,灌浆口角度可采用钢筋棍绑扎在主筋上进行定位控制。

带门窗框、预埋管线的预制构件制作时,门窗框、预埋管线应在浇筑混凝土前预先放置并固定,固定时应采取防止污染窗体表面的保护措施。当采用铝框时,应采取避免铝框与混凝土直接接触发生电化学腐蚀的措施。门窗预埋时,应采取措施控制温度或受力变形对门窗产生的不利影响。

灌浆套筒的安装应符合下列规定:

①连接钢筋与全灌浆套筒安装时,应逐根插入灌浆套筒内,插入深度应满足设计锚固深度要求。

②钢筋安装时,应将其固定在模具上,灌浆套筒与柱底、墙底模板应垂直,应采用橡胶环、螺杆等固定件避免混凝土浇筑、振捣时灌浆套筒和连接钢筋移位。

③与灌浆套筒连接的灌浆管、出浆管应定位准确、安装稳固。

④应采取防止混凝土浇筑时向灌浆套筒内漏浆的封堵措施。

⑤对于半灌浆套筒连接,机械连接端的钢筋丝头加工、连接安装质量均应符合相关要求。

5)隐蔽工程验收

浇筑混凝土前应进行钢筋、预应力的隐蔽工程检查。隐蔽工程检查项目应包括:

①钢筋的牌号、规格、数量、位置和间距。

②纵向受力钢筋的连接方式、接头位置、接头质量、接头面积百分率、搭接长度、锚固方式及锚固长度。

③箍筋弯钩的弯折角度及平直段长度。

④钢筋的混凝土保护层厚度。

⑤预埋件、吊环、插筋、灌浆套筒、预留孔洞、金属波纹管的规格、数量、位置及固定措施。

⑥预埋线盒和管线的规格、数量、位置及固定措施。

⑦夹芯外墙板的保温层位置和厚度,拉结件的规格、数量和位置。

⑧预应力筋及其锚具、连接器和锚垫板的品种、规格、数量、位置。

⑨预留孔道的规格、数量、位置,灌浆孔、排气孔、锚固区局部加强构造。

6)混凝土浇筑

按照生产计划混凝土用量制备混凝土。混凝土浇筑前,预埋件及预留钢筋的外露部分宜采取防止污染的措施,混凝土浇筑过程中注意对钢筋网片及预埋件的保护,保证模具、门窗框、预埋件、连接件不发生变形或者移位,如有偏差应采取措施及时纠正。

混凝土应均匀连续浇筑。混凝土从出机到浇筑完毕的延续时间,气温高于25 ℃时不宜超过60 min,气温不高于25 ℃时不宜超过90 min。混凝土投料高度不宜大于600 mm,并应均匀摊铺(图6.23)。

混凝土浇筑时应采取可靠措施按照设计要求在混凝土构件表面制作粗糙面和键槽。混凝土浇筑应按照构件检验要求制作混凝土试块(图6.25、图6.26)。

带保温材料的预制构件宜采用水平浇筑方式成型,保温材料宜在混凝土成型过程中放置固定,底层混凝土初凝前进行保温材料铺设,保温材料应与底层混凝土固定,当多层铺设时,上、下层保温材料接缝应相互错开;当采用垂直浇筑成型工艺时,保温材料可在混凝土浇筑前放置固定。连接件穿过保温材料处应填补密实。预制构件制作过程应按设计要求检查连接件在混凝土中的定位偏差。

图 6.25 浇筑混凝土

图 6.26 用于制作混凝土粗糙面的拉毛机

7)混凝土振捣

混凝土宜采用机械振捣方式成型。振捣设备应根据混凝土的品种、工作性、预制构件的规格和形状等因素确定,应制订振捣成型操作规程。当采用振捣棒时,混凝土振捣过程中不应碰触钢筋骨架、面砖和预埋件。混凝土振捣过程中应随时检查模具有无漏浆、变形或预埋件有无移位等现象。应充分有效振捣,避免出现漏振造成的蜂窝、麻面现象。

混凝土振捣后应当至少进行一次抹压。构件浇筑完成后进行一次收光,收光过程中应当检查外露的钢筋及预埋件,并按照要求调整(图 6.27)。

8)混凝土养护

条件允许的情况下,预制构件优先推荐自然养护。梁、柱等体积较大预制构件宜采用自然养护方式;楼板、墙板等较薄预制构件或冬期生产预制构件,宜采用蒸汽养护方式(图 6.28)。

(a)人工抹压收光

(b)机械抹压收光

图6.27　构件浇筑完后抹压收光

图6.28　构件预养护

采用加热养护时,按照合理的养护制度进行温控可避免预制构件出现温差裂缝。预制构件养护应符合下列规定:

①应根据预制构件特点和生产任务量选择自然养护、自然养护加养护剂或加热养护方式。

②混凝土浇筑完毕或压面工序完成后应及时覆盖保湿,脱模前不得揭开。

③涂刷养护剂应在混凝土终凝后进行。

④加热养护可选择蒸汽加热、电加热或模具加热等方式。

⑤加热养护制度应通过试验确定,宜采用加热养护温度自动控制装置。宜在常温下预养护2~6 h,升、降温速度不宜超过20 ℃/h,最高养护温度不宜超过70 ℃。

⑥夹芯保温外墙板最高养护温度不宜大于60 ℃。因为有机保温材料在较高温度下会产生热变形,影响产品质量。

9)脱模、起吊

为避免由于蒸汽温度骤降而引起混凝土构件产生变形或裂缝,应严格控制构件脱模时构件温度与环境温度的差值。预制构件脱模时的表面温度与环境温度的差值不宜超过25 ℃。

预制构件脱模起吊时的混凝土强度应计算确定,且不宜小于15 MPa。平模工艺生产的大型墙板、挂板类预制构件宜采用翻板机翻转直立后再行起吊。对于设有门洞、窗洞等较大洞口的墙板，脱模起吊时应进行加固，防止扭曲变形造成的开裂(图6.29)。

图6.29　构件起吊

10)表面处理

构件脱模后，不存在影响结构性能、钢筋、预埋件或者连接件锚固的局部破损和构件表面的非受力裂缝时，可用修补浆料进行表面修补后使用。构件脱模后，构件外装饰材料出现破损应进行修补。

构件表面带有装饰性石材或瓷砖的预制构件，脱模后应对石材或瓷砖表面进行检查和清理。应先去除石材或瓷砖缝隙部位的预留封条和胶带，再可用清水刷洗。清理完成后宜对石材或瓷砖表面进行保护。

11)质检

预制构件在出厂前应进行成品质量验收，其检查项目包括预制构件的外观质量、预制构件的外形尺寸、预制构件的钢筋、连接套筒、预埋件、预留孔洞，预制构件的外装饰和门窗框。其检查结果和方法应符合现行国家标准的规定。

12)构件标识

预制构件验收合格后，应在明显部位标识构件型号、生产日期和质量验收合格标志。预制构件脱模后应在其表面醒目位置按构件设计制作图规定对每个构件编码。

预制构件生产企业应按照有关标准规定或合同要求，对其供应的产品签发产品质量证明书，明确重要参数，有特殊要求的产品还应提供安装说明书。

13)外墙饰面砖(或石材)反打工艺

构件加工厂生产预制夹心外墙板时，先将饰面砖(或石材)与外墙板铺设在模具内，再浇筑混凝土，将饰面砖（或石材）与外墙板连接成一体的制作工艺，称为外墙饰面砖（或石材）反打工艺。这种工艺生产出来的预制构件表面平整，面砖（或石材）附着牢固，并且大大提高施工效率。

应用于反打工艺的面砖（或石材），应在背面预制榫卯或卡钩埋件，以增加面砖（或石材）对混凝土的附着能力（图6.30）。

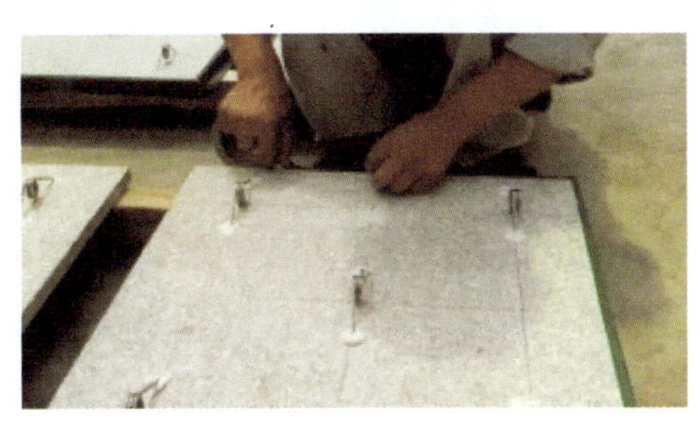

（a）预埋卡钩埋件

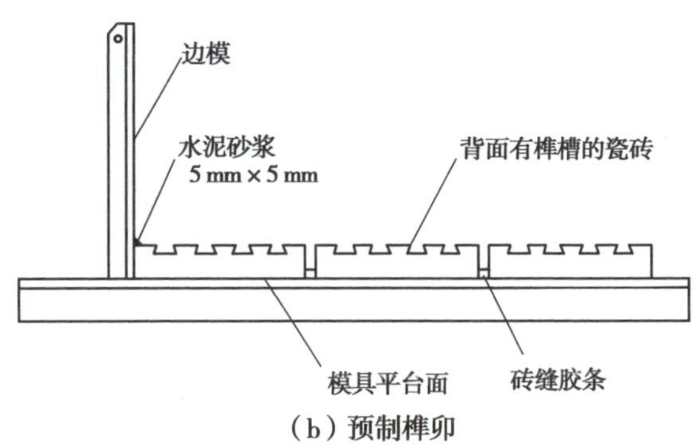

（b）预制榫卯

图6.30 面砖（或石材）背面处理

瓷砖入模前，宜先将若干片瓷砖在固定模具内排列好，组成瓷砖套，并且砖缝间预留好隔离胶条（图6.31）。这样做的好处是保证瓷砖排列的整齐和平整，胶条除了保持缝隙规整，也可以阻断水泥砂浆渗到瓷砖表面。另需注意的是，边模与瓷砖缝隙以及砖缝间可以事先涂抹少量砂浆，以避免混凝土浇筑时充填不密而影响缝隙美观。

图6.31 瓷砖套的制作

浇筑混凝土并养护脱模后，将表面瓷砖缝间的隔离胶条除掉，再清洁表面即可成品（图6.32）。

图6.32 反打成形的瓷砖

6.4 部品生产

部品原材料应使用节能环保的材料,并应符合现行国家标准和室内建筑装饰材料有害物质限量的相关规定。部品原材料应有质量合格证明并完成抽样复试,没有复试或者复试不合格的不能使用。

部品生产应成套供应,并满足加工精度的要求。部品生产时,应对尺寸偏差和外观质量进行控制。现场组装骨架外墙的骨架、基层墙板、填充材料应在工厂完成生产。预制外墙部品生产时,外门窗的预埋件设置应在工厂完成,不同金属的接触面应避免电化学腐蚀。

合格部品应具有唯一编码和生产信息,并在包装的明显位置标注部品编码、生产单位、生产日期、检验员代码等。部品包装的尺寸和重量应考虑现场运输条件,便于搬运与组装;并注明卸货方式和明细清单。

应制订部品的成品保护、堆放和运输专项方案,其内容应包括运输时间、次序、堆放场地、运输路线、固定要求、堆放支垫及成品保护措施等。对于超高、超宽、形状特殊的部品的运输和堆放应有专门的质量安全保护措施。

6.5 预制构件存储与运输

6.5.1 预制构件存储

1)预制构件存放规定

预制构件存放应符合下列规定:

①存放场地应平整、坚实,并应有排水措施。

②存放库区宜实行分区管理和信息化台账管理。

③应按照产品品种、规格型号、检验状态分类存放,产品标识应明确、耐久,预埋吊件应

朝上，标识应向外。

④应合理设置垫块支点位置，确保预制构件存放稳定，支点宜与起吊点位置一致。

⑤与清水混凝土面接触的垫块应采取防污染措施。

⑥预制构件多层叠放时，每层构件间的垫块应上下对齐；预制楼板、叠合板、阳台板和空调板等构件宜平放，叠放层数不宜超过6层；长期存放时，应采取措施控制预应力构件起拱值和叠合板翘曲变形。

⑦预制柱、梁等细长构件宜平放且用两条垫木支撑。

⑧预制内外墙板、挂板宜采用专用支架直立存放，支架应有足够的强度和刚度，薄弱构件、构件薄弱部位和门窗洞口应采取防止变形开裂的临时加固措施。

2）预制构件成品保护

预制构件成品保护应符合下列规定：

①预制构件成品外露保温板应采取防止开裂措施，外露钢筋应采取防弯折措施，外露预埋件和连接件等外露金属件应按不同环境类别进行防护或防腐、防锈。

②宜采取保证吊装前预埋螺栓孔清洁的措施。

③钢筋连接套筒、预埋孔洞应采取防止堵塞的临时封堵措施。

④露骨料粗糙面冲洗完成后应对灌浆套筒的灌浆孔和出浆孔进行透光检查，并清理灌浆套筒内的杂物。

⑤冬期生产和存放的预制构件的非贯穿孔洞应采取措施防止雨雪水进入发生冻胀损坏。

3）预制构件堆放方式

预制构件堆放存储通常可采用平面堆放或竖向固定两种方式。楼板、楼梯、梁和柱通常采用平面堆放方式（图6.33），墙板构件一般采用竖向固定方式（图6.34）。

图6.33 平面堆放

图 6.34 竖向固定

6.5.2 预制构件运输

构件类型与车型选择

构件临时支架选择

构件在车辆上堆放

1）构件吊运规定

预制构件吊运应符合下列规定：

①应根据预制构件的形状、尺寸、质量和作业半径等要求选择吊具和起重设备，所采用的吊具和起重设备及其操作，应符合国家现行有关标准及产品应用技术手册的规定。

②吊点数量、位置应经计算确定，应保证吊具连接可靠，应采取保证起重设备的主钩位置、吊具及构件重心在竖直方向上重合的措施。

③吊索水平夹角不宜小于60°，不应小于45°。

④应采用慢起、稳升、缓放的操作方式，吊运过程，应保持稳定，不得偏斜、摇摆和扭转，严禁吊装构件长时间悬停在空中。

⑤吊装大型构件、薄壁构件或形状复杂的构件时，应使用分配梁或分配桁架类吊具，并应采取避免构件变形和损伤的临时加固措施。

2）构件运输方式

预制构件的运输宜采用专用运输车，并根据构件的种类不同而采取不同的固定方式。

楼板可采用平面堆放式运输、墙板采用靠放式（也称斜卧式）运输或立式运输、异形构件采用立式运输（图 6.35 ~ 6.37）。

3）构件运输规定

预制构件在运输过程中应做好安全和成品防护，并应符合下列规定：

①应根据预制构件种类采取可靠的固定措施。

②对于超高、超宽、形状特殊的大型预制构件的运输和存放，应制订专门的质量安全保证措施。

③运输时宜采取以下防护措施：

图6.35　平放式运输

图6.36　靠放式运输

图6.37　立放式运输

a. 设置柔性垫片避免预制构件边角部位或链索接触处的混凝土损伤；

b. 用塑料薄膜包裹垫块避免预制构件外观污染；

c. 墙板门窗框、装饰表面和棱角采用塑料贴膜或其他措施防护；

d. 竖向薄壁构件设置临时防护支架；

e. 装箱运输时，箱内四周采用木材或柔性垫片填实，支撑牢固。

④应根据构件特点采用不同的运输方式，托架、靠放架、插放架应进行专门设计，进行强度、稳定性和刚度验算：

a. 外墙板宜采用立式运输，外饰面层应朝外，梁、板、楼梯、阳台宜采用水平运输；

b. 采用靠放架立式运输时，构件与地面倾斜角度宜大于 80°，构件应对称靠放，每侧不大于 2 层，构件层间上部采用木垫块隔离；

c. 采用插放架直立运输时，应采取防止构件倾倒措施，构件之间应设置隔离垫块；

d. 水平运输时，预制梁、柱构件叠放不宜超过 3 层，板类构件叠放不宜超过 6 层。

4）运输安全管理

（1）全面做好运输准备工作

由于城市高架、桥梁、隧道道路的限制，加之建筑预制构件尺寸不一、体形高大异形、重心不一，在吊装运输开始前，要充分做好准备工作，设计切实可行的吊装运输方案（图 6.38）。

图 6.38　城市公路限高

①大型构件在实际运输前应踏勘运输路线，确认运输道路的承载力（含桥梁和地下设施）、宽度、转弯半径和穿越桥梁、隧道的净空与架空线路的净高满足运输要求，确认运输机械与电力架空线路的最小距离必须符合要求，路线选择应该尽量避开桥涵和闹市区，应该设计备选方案。明确了运输路线后，根据构件运输超高、超宽、超长情况，及时向交通管理部门申报，经批准后，方可在指定路线和指定时间段上行驶。

②根据大型构件特点选用预制构件专用运输车或对常规运输车进行改装，降低车辆装载重心高度并设置车辆运输稳定专用固定支架。

（2）保证运输安全的措施

①驾驶员在构件运输过程中一定要匀速行驶，严禁超速、猛拐和急刹车。构件运输车应按交通管理部门的要求悬挂安全标志，超高的部件应有专人照看并配备适当器具，保证在有障碍物的情况下安全通过。

②预制叠合板、预制阳台和预制楼梯宜采用平放运输。预制外墙板宜采用专用支架竖直靠放式运输。运输薄壁构件，应设专用固定架，采用竖立或微倾放置方式。为确保构件表

面或装饰面不被损伤，放置时插筋向内、装饰面向外，与地面倾斜角度宜大于80°，以防倾覆。为防止运输过程中，车辆颠簸对构件造成损伤，构件与刚性支架应加设橡胶垫等柔性材料，且应采取防止构件移动、倾倒、变形等的固定措施。

③构件运输时的支承点应与吊点位置在同一竖直线上，支承必须牢固。运输T形梁、工字梁、桁架梁等易倾覆的大型构件，必须用斜撑牢固地支撑在梁腹上。构件装车后应用紧线器紧固于车体上，长距离运输途中应检查紧线器的牢固状况，发现松动必须停车紧固，确认牢固后方可继续运行。搬运托架、车厢板和预制混凝土构件间应放入柔性材料，构件应用钢丝绳或夹具与托架绑扎，构件边角与锁链接触部位的混凝土应采用柔性垫衬材料保护（图6.39）。

图6.39 预制构件用柔性衬垫保护

课后习题

1. 预制构件生产的常用设备有哪些？
2. 装配式混凝土构件生产过程中，所用模具的设计有哪些原则？
3. 试阐述预制构件生产的通用工艺流程。
4. 预制构件加热养护的养护制度应满足哪些要求？
5. 预制构件的堆放方式有哪几种？它们分别适合哪些种类的预制构件？

第7章 装配式混凝土建筑施工

7.1 施工准备

施工现场应根据装配化建造方式布置施工总平面，宜规划主体装配区、构件堆放区、材料堆放区和运输通道。各个区域宜统筹规划布置，满足高效吊装、安装的要求，通道宜满足构件运输车辆平稳、高效、节能的行驶要求。

7.1.1 进场预制构件的检验与存放

1）预制构件进场检验

预制构件进场后，施工单位应及时组织对预制构件质量进行检验。未经检验或检验不符合要求的预制构件不得用于工程中。

2）构件停放场地及存放

施工现场应根据施工平面规划设置运输通道和存放场地，并应符合下列规定：

①现场运输道路和存放场地应坚实平整，并应有排水措施。

②施工现场内道路应按照构件运输车辆的要求合理设置转弯半径及道路坡度。

③预制构件运送到施工现场后，应按规格、品种、使用部位、吊装顺序分别设置存放场地。存放场地应设置在吊装设备的有效起重范围内，且应在堆垛之间设置通道。

④构件的存放架应具有足够的抗倾覆性能。

⑤构件运输和存放对已完成结构、基坑有影响时，应经计算复核。

此外，预制构件的堆垛尚宜符合下列要求：

①施工现场存放的构件，宜按照安装顺序分类存放，堆垛宜布置在吊车工作范围内且不受其他工序施工作业影响的区域；预制构件存放场地的布置应保证构件存放有序，安排合理，确保构件起吊方便且占地面积小。

②堆垛层数应根据构件与垫木或垫块的承载能力及堆垛的稳定性确定，必要时应设置防止构件倾覆的支架。

③预埋吊件应朝上，标识宜朝向堆垛间的通道。

④构件支垫应坚实，垫块在构件下的位置宜与脱模、吊装时的起吊位置一致。

⑤预制构件直立存放的存放工具主要有靠放架和插放架。采用靠放架直立存放的墙板宜对称靠放，饰面向外，构件与竖向垂直线的倾斜角不宜大于10°，对墙板类构件的连接止水

条、高低扣和墙体转角等薄弱部位应加强保护(图7.1);采用插放架应针对预制墙板的插放编制专项方案,插放架应满足强度、刚度和稳定性的要求,插放架必须设置防磕碰、防构件损坏、倾倒、变形、下沉的保护措施(图7.2)。

图7.1 靠放架

图7.2 插放架

7.1.2 吊装及辅助设备

1)起重吊装机械

装配式混凝土工程应根据作业条件和要求,合理选择起重吊装机械。常用的起重吊装机械有塔式起重机、汽车起重机和履带式起重机。

(1)塔式起重机

塔式起重机简称塔机、塔吊,是通过装设在塔身上的动臂旋转、动臂上小车沿动臂行走从而实现起吊作业的起重设备(图7.3)。塔式起重机具有起重能力强、作业范围大等特点,广泛应用于建筑工程中。

建筑工程中,塔式起重机按架设方式分为固定式、附着式、内爬式。其中,附着式塔式起重机是塔身沿竖向每间隔一段距离用锚固装置与近旁建筑物可靠连接的塔式起重机,目前高层建筑施工多采用附着式塔式起重机。对于装配式建筑,当采用附着式塔式起重机时,必须提前考虑附着锚固点的位置。附着锚固点应该选择在剪力墙边缘构件后浇混凝土部位,并考虑加强措施。

图7.3 塔式起重机

(2)汽车起重机

汽车起重机简称汽车吊,是装在普通汽车底盘或特制汽车底盘上的一种起重机,其行驶驾驶室与起重操纵室分开设置(图7.4)。这种起重机机动性好,转移迅速。在装配式混凝土工程中,汽车起重机主要用于低、多层建筑吊装作业,现场构件二次倒运,塔式起重机或履带吊的安装与拆卸等。使用时应注意,汽车起重机不得负荷行驶,不可在松软或泥泞的场地上工作,工作时必须伸出支腿并支稳。

图7.4 汽车起重机

(3)履带式起重机

履带式起重机是将起重作业部分装在履带底盘上,行走依靠履带装置的流动式起重机(图7.5)。履带式起重机具有起重能力强、接地比压小、转弯半径小、爬坡能力大、无须支腿、可带载行驶等优点。在装配式混凝土建筑工程中，履带式起重机主要用于大型预制构件的装卸和吊装，大型塔式起重机的安装与拆卸，以及塔式起重机吊装死角的吊装作业等。

图7.5　履带起重机

2）横吊梁

横吊梁俗称铁扁担、扁担梁，常用于梁、柱、墙板、叠合板等构件的吊装。用横吊梁吊运部品构件时，可以使各吊点垂直受力，防止因起吊受力不均而对构件造成破坏，便于构件的安装、校正。常用的横吊梁有框架式吊梁（图7.6）、单根吊梁。

图7.6　框架式吊梁

3）吊索

吊索是用钢丝绳或合成纤维等原料做成的用于吊装的绳索，用于连接起重机吊钩和被吊装设备（图7.7）。

吊装作业的吊索选择应经设计计算确定，保证作业时其所受拉力在其允许负荷范围内。如采用多吊索起吊同一构件必须选择同类型吊索。应定期对吊索进行检查和保养，严禁使用不合质量或规格要求以及有损伤的吊索进行起吊作业。

图7.7 吊索

7.1.3 灌浆设备与用具

灌浆设备主要有用于搅拌注浆料的手持式电钻搅拌机，用于计量水和注浆料的电子秤和量杯，用于向墙体注浆的注浆器，用于湿润接触面的水枪。

灌浆用具主要有用于盛水、试验流动度的量杯，用于流动度试验用的坍落度筒和平板，用于盛水、注浆料的大小水桶，用于把木头塞打进注浆孔封堵的铁锤，以及小铁锹、剪刀、扫帚等(图7.8、图7.9)。

图7.8 灌浆设备和用具

图7.9 灌浆料制备

为保证预制构件套筒与主体结构预留钢筋位置协调,构件安装能够顺利进行,施工单位常采用钢筋定位校验件预先检验。其做法是预先在校验件上生成与预制构件上灌浆套筒同尺寸、同位置关系的孔洞,然后将校验件在主体结构预留钢筋上试套,如能顺利套下则证明预制构件可顺利安装(图7.10)。

图7.10 钢筋定位校验件

7.1.4 临时支撑系统

装配式混凝土工程施工过程中,当预制构件或整个结构自身不能承受施工荷载时,需要通过设置临时支撑来保证施工定位、施工安全及工程质量。预制构件临时支撑系统是指预制构件安装时起到临时固定和垂直度或标高空间位置调整作用的支撑体系(图7.11)。根据被安置的预制构件的受力形式和形状,临时支撑系统可分为斜撑系统和竖向支撑系统。其中,斜撑系统是由撑杆、垂直度调整装置、锁定装置和预埋固定装置等组成的用于竖向构件安装的临时支撑体系,主要功能是将预制柱和预制墙板等竖向构件吊装就位后起到临时固定的作用,并通过设置在斜撑上的调节装置对垂直度进行微调;竖向支撑系统是单榀支撑架延预制构件长度方向均匀布置构成的用于水平向构件安装的临时支撑系统,主要功能是用于预制主次梁和预制楼板等水平承载构件在吊装就位后起到垂直荷载的临时支撑作用,并通过标高调节装置对标高进行微调。竖向支撑系统的应用技术与传统现浇结构施工中梁板模板支撑系统相近,本节不再赘述,本节主要讲述斜撑系统的技术要求。

1)一般规定

①临时支撑系统应根据其施工荷载进行专项的设计和承载力及稳定性的验算,以确保施工期结构的安装质量和安全。

②临时支撑系统应根据预制构件的种类和重量尽可能做到标准化、重复利用和拆装方便。

2)斜撑支设要求

对于预制墙板,临时斜撑一般安放在其背后,且一般不少于两道;对于宽度比较小的墙板,也可仅设置一道斜撑。当墙板底部没有水平约束时,墙板的每道临时支撑包括上部斜撑

图 7.11 临时支撑系统

和下部支撑,下部支撑可做成水平支撑或斜向支撑。对于预制柱,由于其底部纵向钢筋可以起到水平约束的作用,故一般仅设置上部支撑。柱的斜撑也最少要设置两道,且应设置在两个相邻的侧面上,水平投影相互垂直。

临时斜撑与预制构件一般做成铰接,并通过预埋件进行连接。考虑临时斜撑主要承受的是水平荷载,为充分发挥其作用,对上部的斜撑,其支撑点距离板底的距离不宜小于板高的 2/3,且不应小于板高的 1/2。斜支撑与地面或楼面连接应可靠,不得出现连接松动引起竖向预制构件倾覆等。

3)斜撑拆除要求

预制墙板斜支撑和限位装置应在连接节点和连接接缝部位后浇混凝土或灌浆料强度达到设计要求后拆除。当设计无具体要求时,后浇混凝土或灌浆料应达到设计强度的 75% 以上方可拆除。预制柱斜支撑应在预制柱与连接节点部位后浇混凝土或灌浆料强度达到设计要求,且上部构件吊装完成后进行拆除。拆除的模板和支撑应分散堆放并及时清运,应采取措施避免施工集中堆载。

4)安装验收

临时支撑系统调整复核墙体的水平位置和标高、垂直度及相邻墙体的平整度后,应填写预制构件安装验收表,经施工现场负责人及甲方代表(或监理)签字后进入下道工序。

7.2 装配式混凝土建筑竖向受力构件现场施工

装配式混凝土建筑的竖向构件主要是框架柱和剪力墙。其中现浇的框架柱和剪力墙的施工方式与传统现浇结构相同,本节不再赘述。本节主要讲述预制混凝土框架柱构件安装、预制混凝土剪力墙构件安装以及后浇区的施工。

预制混凝土框架柱构件、预制混凝土剪力墙构件安装工艺中,上下层构件间混凝土的连接有座浆法和注浆法两种方式。预制混凝土剪力墙构件安装常采用注浆法,预制混凝土框架柱构件安装采用座浆法和注浆法都比较常见。本节将以座浆法为例介绍预制柱构件安装施工工艺,以注浆法为例介绍预制混凝土剪力墙构件安装施工工艺。

7.2.1 预制混凝土柱构件安装施工

预制混凝土柱构件的安装施工工序为:测量放线→铺设座浆料→柱构件吊装→定位校正和临时固定→钢筋套筒灌浆施工

框架柱吊装流程及控制要点

1)测量放线

安装施工前,应在构件和已完成结构上测量放线,设置安装定位标志。测量放线主要包括以下内容:

①每层楼面轴线垂直控制点不应少于4个,楼层上的控制轴线应使用经纬仪由底层原始点直接向上引测。

②每个楼层应设置1个引程控制点。

③预制构件控制线应由轴线引出。

④应准确弹出预制构件安装位置的外轮廓线。预制柱的就位以轴线和外轮廓线为控制线,对于边柱和角柱,应以外轮廓线控制为准。

2)铺设坐浆料

预制柱构件底部与下层楼板上表面间不能直接相连,应有20 mm厚的坐浆层,以保证两者混凝土能够可靠协同工作。坐浆层应在构件吊装前铺设,且不宜铺设太早,以免坐浆层凝结硬化失去粘结能力。一般而言,应在坐浆层铺设后1小时内完成预制构件安装工作,天气炎热或气候干燥时应缩短安装作业时间。

坐浆料必须满足以下技术要求:

①坐浆料坍落度不宜过高,一般在市场购买40~60 MPa的坐浆料使用小型搅拌机(容积可容纳一包料即可)加适当的水搅拌而成,不宜调制过稀,必须保证坐浆完成后成中间高、两端低的形状。

②在坐浆料采购前需要与厂家约定浆料内粗集料的最大粒径为4~5 mm,且坐浆料必须具有微膨胀性。

③坐浆料的强度等级应比相应的预制墙板混凝土的强度高一个等级。

④坐浆料强度应该满足设计要求。

铺设坐浆料前应清理铺设面的杂物。铺设时应保证坐浆料在预制柱安装范围内铺设饱满。为防止坐浆料向四周流散造成坐浆层厚度不足,应在柱安装位置四周连续用50 mm×20 mm的密封材料封堵,并在坐浆层内预设20 mm高的垫块。

3)柱构件吊装

柱构件吊装宜按照角柱、边柱、中柱顺序进行安装,与现浇部分连接的柱宜先行吊装。

吊装作业应连续进行。吊装前应对待吊构件进行核对,同时对起重设备进行安全检查,重点检查预制构件预留螺栓孔丝扣是否完好,严格杜绝吊装过程中滑丝脱落现象。对吊装难度大的部件必须进行空载实际演练，操作人员对操作工具进行清点。填写施工准备情况登记表，施工现场负责人检查核对签字后方可开始吊装。

预制构件在吊装过程中应保持稳定，不得偏斜、摇摆和扭转。吊装时，一定采用扁担式吊具吊装。

4）定位校正和临时固定

（1）构件定位校正

构件底部若局部套筒未对准时，可使用倒链将构件手动微调，对孔。垂直坐落在准确的位置后拉线复核水平是否有偏差。无误差后，利用预制构件上的预埋螺栓和地面后置膨胀螺栓安装斜支撑杆，复测柱顶标高后方可松开吊钩。利用斜撑杆调节好构件的垂直度。调节好垂直度后，刮平底部坐浆。在调节斜撑杆时必须两名工人同时、同方向，分别调节两根斜撑杆。

安装施工应根据结构特点按合理顺序进行，需考虑平面运输、结构体系转换、测量校正、精度调整及系统构成等因素，及时形成稳定的空间刚度单元。必要时应增加临时支撑结构或临时措施。单个混凝土构件的连接施工应一次性完成。

预制构件安装后，应对安装位置、安装标高、垂直度、累计垂直度进行校核与调整。构件安装就位后，可通过临时支撑对构件的位置和垂直度进行微调（图7.12）。

图7.12 预制柱安装

（2）构件临时固定

安装阶段的结构稳定性对保证施工安全和安装精度非常重要，构件在安装就位后，应采取临时措施进行固定。临时支撑结构或临时措施应能承受结构自重、施工荷载、风荷载、吊装产生的冲击荷载等作用，并不至于使结构产生永久变形。

5）钢筋套筒灌浆施工

钢筋套筒灌浆的灌浆施工是装配式混凝土结构工程的关键环节之一。在实际工程中，连接的质量很大程度取决于施工过程控制。因此，套筒灌浆连接应满足下列要求：

①套筒灌浆连接施工应编制专项施工方案。这里提到的专项施工方案并不要求一定单独编制，而是强调应在相应的施工方案中包括套筒灌浆连接施工的相应内容。施工方案应

包括灌浆套筒在预制生产中的定位、构件安装定位与支撑、灌浆料拌和、灌浆施工、检查与修补等内容。施工方案编制应以接头提供单位的相关技术资料、操作规程为基础。

②灌浆施工的操作人员应经专业培训后上岗。培训一般宜由接头提供单位的专业技术人员组织。灌浆施工应由专人完成,施工单位应根据工程量配备足够的合格操作工人。

③对于首次施工,宜选择有代表性的单元或部位进行试制作、试安装、试灌浆。这里提到的“首次施工”,包括施工单位或施工队伍没有钢筋套筒灌浆连接的施工经验,或对某种灌浆施工类型(剪力墙、柱、水平构件等)没有经验,此时为保证工程质量,宜在正式施工前通过试制作、试安装、试灌浆验证施工方案、施工措施的可行性。

④套筒灌浆连接应采用由接头形式检验确定的相匹配的灌浆套筒、灌浆料。施工中不宜更换灌浆套筒或灌浆料,如确需更换,应按更换后的灌浆套筒、灌浆料提供接头形式检验报告,并重新进行工艺检验及材料进场检验。

⑤灌浆料以水泥为基本材料,对温度、湿度均具有一定敏感性。因此,在储存中应注意干燥、通风并采取防晒措施,防止其形态发生改变。灌浆料宜存储在室内。

钢筋套筒灌浆连接施工的工艺要求如下:

①预制构件吊装前,应检查构件的类型与编号。当灌浆套筒内有杂物时,应清理干净。

②应保证外露连接钢筋的表面不粘连混凝土、砂浆,不发生锈蚀;当外露连接钢筋倾斜时,应进行校正。连接钢筋的外露长度应符合设计要求,其外表面宜标记出插入灌浆套筒最小锚固长度的位置标志,且应清晰准确。

③竖向构件宜采用连通腔灌浆。钢筋水平连接时灌浆套筒应各自独立灌浆。

④灌浆料拌合物应采用电动设备搅拌充分、均匀,并宜静置2 min后使用。其加水量应按灌浆料使用说明书的要求确定,并应按质量计量。搅拌完成后,不得再次加水(图7.13)。

图7.13 灌浆料搅拌

⑤灌浆施工时,环境温度应符合灌浆料产品使用说明书要求。一般来说,环境温度低于5 ℃时不宜施工,低于0 ℃时不得施工;当环境温度高于30 ℃时,应采取降低灌浆料拌合

物温度的措施。

⑥竖向钢筋灌浆套筒连接采用连通腔灌浆时，宜采用一点灌浆的方式。当一点灌浆遇到问题而需要改变灌浆点时，各灌浆套筒已封堵的灌浆孔、出浆孔应重新打开，待灌浆料拌合物再次流出后进行封堵(图 7.14)。

图 7.14　灌浆与封堵出浆孔

⑦灌浆料宜在加水后 30 min 内用完。散落的灌浆料拌合物不得二次使用；剩余的拌合物不得再次添加灌浆料、水后混合使用。

⑧灌浆料同条件养护试件抗压强度达到 35 N/mm^2 后，方可进行对接头有扰动的后续施工。临时固定措施的拆除应在灌浆料抗压强度能够确保结构达到后续施工承载要求后进行。

⑨灌浆作业应及时形成施工质量检查记录表和影像资料。

7.2.2　预制混凝土剪力墙构件安装施工

外墙吊装流程及控制要点

内墙吊装流程及控制要点

预制混凝土柱构件的安装施工工序为：测量放线→封堵分仓→构件吊装→定位校正和临时固定→钢筋套筒灌浆施工。其中测量放线、构件吊装、定位校正和临时固定的施工工艺可参见预制柱的施工工艺。

1)封堵分仓

采用注浆法实现构件间混凝土可靠连接，是通过灌浆料从套筒流入原坐浆层充当坐浆料而实现。相对于坐浆法，注浆法无须担心吊装作业前坐浆料失水凝固，并且先使预制构件落位后再注浆也易于确定坐浆层的厚度。

构件吊装前，应预先在构件安装位置预设 20 mm 厚垫片，以保证构件下方注浆层厚度满足要求。然后沿预制构件外边线用密封材料进行封堵(图 7.15)。当预制构件长度过长时，注浆层也随之过长，不利于控制注浆层的施工质量。这时可将注浆层分成若干段，各段之间用坐浆材料分隔，注浆时逐段进行。这种注浆方法叫作分仓法。连通区内任意两个灌浆套筒间距不宜超过 1.5 m。

图7.15　封堵注浆层

2)构件吊装

与现浇部分连接的墙板宜先行吊装,其他宜按照外墙先行吊装的原则进行吊装。就位前应设置底部调平装置,控制构件安装标高(图7.16)。

图7.16　墙板吊装

3)钢筋套筒灌浆施工

灌浆前应合理选择灌浆孔。一般来说,宜选择从每个分仓位于中部的灌浆孔灌浆,灌浆前将其他灌浆孔严密封堵。灌浆操作要求与坐浆法相同。直到该分仓各出浆孔分别有连续的浆液流出时,注浆作业完毕,将注浆孔和所有出浆孔封堵(图7.17)。

图7.17 灌浆与封堵出浆孔

7.2.3 装配式混凝土结构后浇混凝土的施工

竖向现浇结构施工

装配式混凝土结构竖向构件安装应及时穿插进行边缘构件后浇混凝土带的钢筋安装和模板施工,并完成后浇混凝土施工。

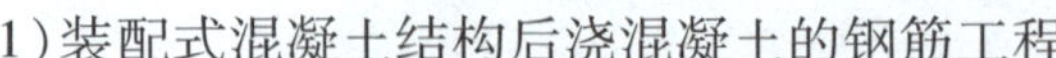

1)装配式混凝土结构后浇混凝土的钢筋工程

①装配式混凝土结构后浇混凝土内的连接钢筋应埋设准确。构件连接处钢筋位置应符合现行有关技术标准和设计要求。当设计无具体要求时,应保证主要受力构件和构件中主要受力方向的钢筋位置,并应符合下列规定:框架节点处,梁纵向受力钢筋宜置于柱纵向钢筋内侧;当主、次梁底部标高相同时,次梁下部钢筋应放在主梁下部钢筋之上;剪力墙中水平分布钢筋宜置于竖向钢筋外侧,并在墙端弯折锚固。预制构件的外露钢筋应防止弯曲变形,并在预制构件吊装完成后,对其位置进行校核与调整。钢筋套筒灌浆连接接头的预留钢筋应采用专用模具进行定位,并应保证定位准确。

②装配式混凝土结构的钢筋连接质量应符合相关规范的要求。钢筋可根据规范要求采用直锚、弯锚或机械锚固的方式进行锚固,但锚固质量应符合要求。

③预制墙板连接部位宜先校正水平连接钢筋,后安装箍筋套,待墙体竖向钢筋连接完成后绑扎箍筋,连接部位加密区的箍筋宜采用封闭箍筋(图7.18)。

图7.18 钢筋绑扎

预制梁柱节点区的钢筋安装时，节点区柱箍筋应预先安装于预制柱钢筋上，随预制柱一同安装就位。预制叠合梁采用封闭箍筋时，预制梁上部纵筋应预先穿入箍筋内临时固定，并随预制梁一同安装就位。预制叠合梁采用开口箍筋时，预制梁上部纵筋可在现场安装。

2）预制墙板间后浇混凝土带模板安装

墙板间后浇混凝土带连接宜采用工具式定型模板支撑，定型模板应通过螺栓（预置内螺母）或预留孔洞拉结的方式与预制构件可靠连接。定型模板安装应避免遮挡墙板下部灌浆预留孔洞。夹心墙板的外叶板应采用螺栓拉结或夹板等加强固定，墙板接缝部位及与定型模板连接处均应采取可靠的密封、防漏浆措施。

采用预制保温作为免拆除外墙模板（PCF）进行支模时，预制外墙模板的尺寸参数及与相邻外墙板之间拼缝宽度应符合设计要求。安装时，与内侧模板或相邻构件应连接牢固并采取可靠的密封、防漏浆措施（图7.19）。

图7.19 预制构件间后浇混凝土带模板安装

3）装配式混凝土结构后浇混凝土带的浇筑

①对于装配式混凝土结构的墙板间边缘构件竖缝后浇混凝土带的浇筑，应该与水平构件的混凝土叠合层以及按设计须现浇的构件（如作为核心筒的电梯井、楼梯间）同步进行。一般选择一个单元作为一个施工段，先竖向、后水平的顺序浇筑施工。这样的施工安排就用后浇混凝土将竖向和水平预制构件连接成了一个整体。

②后浇混凝土浇筑前，应进行所有隐蔽项目的现场检查与验收。

③浇筑混凝土过程中应按规定见证取样，留置混凝土试件。

④混凝土应采用预拌混凝土，预拌混凝土应符合现行相关标准的规定。装配式混凝土结构施工中的结合部位或接缝处混凝土的工作性应符合设计施工规定。当采用自密实混凝土时，应符合现行相关标准的规定。

⑤预制构件连接节点和连接接缝部位后浇混凝土浇筑前，应清洁结合部位，并洒水润湿。连接接缝的混凝土应连续浇筑，竖向连接接缝可逐层浇筑。混凝土分层浇筑高度应符合现行规范要求。浇筑时，应采取保证混凝土浇筑密实的措施。同一连接接缝的混凝土应连续浇筑，并应在底层混凝土初凝之前将上一层混凝土浇筑完毕。预制构件连接节点和连

接接缝部位的混凝土应加密振捣点，并适当延长振捣时间。预制构件连接处混凝土浇筑和振捣时，应对模板和支架进行观察及维护，发生异常情况应及时进行处理。构件接缝处混凝土浇筑和振捣时，应采取措施防止模板、相连接构件、钢筋、预埋件及其定位件的移位。

⑥混凝土浇筑完毕后，应按施工技术方案要求及时采取有效的养护措施。设计无规定时，应在浇筑完毕后的 12 h 以内对混凝土加以覆盖并养护，浇水次数应能保持混凝土处于湿润状态。采用塑料薄膜覆盖养护的混凝土，其敞露的全部表面应覆盖严密，并应保持塑料薄膜内有凝结水。后浇混凝土的养护时间不应少于 14 d。

喷涂混凝土养护剂是混凝土养护的一种新工艺。混凝土养护剂是高分子材料，喷洒在混凝土表面后固化，形成一层致密的薄膜，使混凝土表面与空气隔绝，大幅度降低水分从混凝土表面蒸发的损失。同时，可与混凝土浅层游离氢氧化钙作用，在渗透层内形成致密、坚硬表层，从而利用混凝土中自身的水分最大限度地完成水化作用，达到混凝土自养的目的。对于整体装配式混凝土结构竖向构件接缝处的后浇混凝土带，洒水保湿比较困难，采用养护剂保护应该是可行的选择。

⑦预制墙板斜支撑和限位装置，应在连接节点和连接接缝部位后浇混凝土或灌浆料强度达到设计要求后拆除；当设计无具体要求时，后浇混凝土或灌浆料应达到设计强度的 75% 以上方可拆除。

7.3 预制混凝土水平受力构件的现场施工

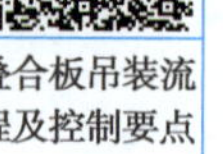

叠合板吊装流程及控制要点

框架结构叠合板吊装流程及控制要点

7.3.1 钢筋桁架混凝土叠合梁板安装施工

1）叠合楼板安装施工

预制混凝土叠合楼板的现场施工工艺：定位放线→安装底板支撑并调整→安装叠合楼板的预制部分→安装侧模板、现浇区底模板及支架→绑扎叠合层钢筋、铺设管线、预埋件→浇筑叠合层混凝土→拆除模板。其安装施工均应符合下列规定：

①叠合构件的支撑应根据设计要求或施工方案设置，支撑标高除应符合设计规定外，还应考虑支撑本身的施工变形（图 7.20）。

②控制施工荷载不应超过设计规定，并应避免单个预制构件承受较大的集中荷载与冲击荷载。

③叠合构件的搁置长度应满足设计要求，宜设置厚度不大于 20 mm 的坐浆或垫片。

④叠合构件混凝土浇筑前，应检查结合面粗糙度，并应检查及校正预制构件的外露钢筋（图 7.21）。

⑤预制底板吊装完后应对板底接缝高差进行校核；当叠合板板底接缝高差不满足设计要求时，应将构件重新起吊，通过可调托座进行调节。

⑥预制底板的接缝宽度应满足设计要求。

叠合构件应在后浇混凝土强度达到设计要求后，方可拆除支撑或承受施工荷载。

图 7.20　叠合楼板底板支撑

图 7.21　浇筑叠合层混凝土前的叠合楼板

2)叠合梁安装施工

框架梁吊装流程及控制要点

装配式混凝土叠合梁的安装施工工艺与叠合楼板工艺类似。现场施工时应将相邻的叠合梁与叠合楼板协同安装,两者的叠合层混凝土同时浇筑,以保证建筑的整体性能。

安装顺序宜遵循先主梁后次梁、先低后高的原则。安装前,应测量并修正临时支撑标高,确保与梁底标高一致,并在柱上弹出梁边控制线;安装后根据控制线进行精密调整。安装时梁伸入支座的长度与搁置长度应符合设计要求。

装配式混凝土建筑梁柱节点处作业面狭小且钢筋交错密集,施工难度极大。因此,在拆分设计时即考虑好各种钢筋的关系,直接设计出必要的弯折。此外,吊装方案要按拆分设计考虑吊装顺序,吊装时则必须严格按吊装方案控制先后。安装前,应复核柱钢筋与梁钢筋位置、尺寸,对梁钢筋与柱钢筋位置有冲突的,应按经设计单位确认的技术方案调整。

叠合楼板、叠合梁等叠合构件应在后浇混凝土强度达到设计要求后,方可拆除底模和支撑(表 7.1)。

表 7.1　模板与支撑拆除时的后浇混凝土强度要求

构件类型	构件跨度(m)	达到设计混凝土强度等级值的百分率(%)
板	≤2	≥50
	>2,≤8	≥75
	>8	≥100
梁	≤8	≥75
	>8	≥100
悬臂构件		≥100

7.3.2　预制混凝土阳台、空调板、太阳能板的安装施工

阳台吊装流程及控制要点

空调板吊装流程及控制要点

装配式混凝土建筑的阳台一般设计成封闭式阳台,其楼板采用钢筋桁架叠合板;部分项目采用全预制悬挑式阳台。空调板、太阳能板以全预制悬挑式构件为主。全预制悬挑式构件是通过将甩

出的钢筋伸入相邻楼板叠合层足够锚固长度，通过相邻楼板叠合层后浇混凝土与主体结构实现可靠连接。

预制混凝土阳台、空调板、太阳能板的现场施工工艺：定位放线→安装底部支撑并调整→安装构件→（绑扎叠合层钢筋）→浇筑叠合层混凝土→拆除模板（图 7.22）。其安装施工均应符合下列规定：

图 7.22 阳台板安装

①预制阳台板吊装宜选用专用型框架吊装梁；预制空调板吊装可采用吊索直接吊装。

②吊装前应进行试吊装，且检查吊具预埋件是否牢固。

③施工管理及操作人员应熟悉施工图纸，应按照吊装流程核对构件编号，确认安装位置，并标注吊装顺序。

④吊装时注意保护成品，以免墙体边角被撞。

⑤阳台板施工荷载不得超过 1.5 kN/m^2。施工荷载宜均匀布置。

⑥悬臂式全预制阳台板、空调板、太阳能板甩出的钢筋都是负弯矩筋，首先应注意钢筋绑扎位置的准确。同时，在后浇混凝土过程中要严格避免踩踏钢筋而造成钢筋向下位移。

⑦预制构件的板底支撑必须在后浇混凝土强度达到 100% 后拆除。板底支撑拆除尚应保证该构件能承受上层阳台通过支撑传递下来的荷载。

7.3.3 预制混凝土楼梯的安装施工

为提高楼梯抗震性能，参照传统现浇结构的施工经验，结合装配式混凝土建筑施工特点，楼梯构件与主体结构多采用滑动式支座连接。

楼梯吊装流程及控制要点

预制楼梯的现场施工工艺流程：定位放线→清理安装面、设置垫片、铺设砂浆→预制楼梯吊装→楼梯端支座固定（图 7.23）。其安装施工均应符合下列规定：

①吊装前应检查核对构件编号，确定安装位置，弹出楼梯安装控制线，对控制线及标高进行复核。

图7.23 楼梯安装

②滑动式楼梯上部与主体结构连接多采用固定式连接，下部与主体结构连接多采用滑动式连接。施工时应先固定上部固定端，后固定下部滑动端。

③楼梯侧面距结构墙体预留 30 mm 空隙，为后续初装的抹灰层预留空间；梯井之间根据楼梯栏杆安装要求预留 40 mm 空隙。在楼梯段上下口梯梁处铺 20 mm 厚 C25 细石混凝土找平灰饼，找平层灰饼标高要控制准确。

④预制楼梯采用水平吊装，用螺栓将通用吊耳与楼梯板预埋吊装内螺母连接，起吊前检查卸扣卡环，确认牢固后方可继续缓慢起吊。调整索具铁链长度，使楼梯段休息平台处于水平位置。试吊预制楼梯板，检查吊点位置是否准确，吊索受力是否均匀等；试起吊高度不应超过 1 m。

⑤楼梯吊至梁上方 30～50 cm 后，调整楼梯位置板边线基本与控制线吻合。就位时要求缓慢操作，严禁快速猛放，以免造成楼梯板震折损坏。楼梯板基本就位后，根据控制线，利用撬棍微调、校正，先保证楼梯两侧准确就位，再使用水平尺和倒链调节楼梯水平。

7.4 部品安装

装配式混凝土建筑的部品安装宜与主体结构同步进行，可在安装部位的主体结构验收合格后进行，并应符合国家现行有关标准的规定。部品安装严禁擅自改动主体结构或改变房间的主要使用功能，严禁擅自拆改燃气、暖通、电气等配套设施。部品吊装应采用专用吊具，起吊和就位应平稳，避免磕碰。

7.4.1 准备工作

①应编制施工组织设计和专项施工方案，包括安全、质量、环境保护方案及施工进度计划等内容。

②应对所有进场部品、零配件及辅助材料按设计规定的品种、规格、尺寸和外观要求进

行检查。

③应进行技术交底。

④现场应具备安装条件,安装部位应清理干净。

⑤装配安装前应进行测量放线工作。

7.4.2 安装规定

1)预制外墙安装规定

①墙板应设置临时固定和调整装置。

②墙板应在轴线、标高和垂直度调校合格后方可永久固定。

③当条板采用双层墙板安装时,内、外层墙板的拼缝宜错开。

2)现场组合骨架外墙安装规定

①竖向龙骨安装应平直,不得扭曲,间距应满足设计要求。

②空腔内的保温材料应连续、密实,并应在隐蔽验收合格后方可进行面板安装。

③面板安装方向及拼缝位置应满足设计要求,内外侧接缝不宜在同一根竖向龙骨上。

3)龙骨隔墙安装规定

①龙骨骨架应与主体结构连接牢固,并应垂直、平整、位置准确。

②龙骨的间距应满足设计要求。

③门、窗洞口等位置应采用双排竖向龙骨。

④壁挂设备、装饰物等的安装位置应设置加固措施。

⑤隔墙饰面板安装前,隔墙板内管线应进行隐蔽工程验收。

⑥面板拼缝应错缝设置,当采用双层面板安装时,上下层板的接缝应错开。

4)吊顶部品安装规定

①装配式吊顶龙骨应与主体结构固定牢靠。

②超过 3 kg 的灯具、电扇及其他设备应设置独立吊挂结构。

③饰面板安装前应完成吊顶内管道、管线施工,并经隐蔽验收合格。

5)架空地板安装规定

①安装前应完成架空层内管线敷设,且应经隐蔽验收合格。

②地板辐射供暖系统应对地暖加热管进行水压试验并隐蔽验收合格后铺设面层。

7.5 水电安装

(1)预制混凝土墙板的预埋和预留

对于装配式混凝土剪力墙结构,其配电箱、等电位联结箱、开关盒、插座盒、弱电系统接线盒(消防显示器、控制器、按钮、电话、电视、对讲机等)及其管线、空调室外机、太阳能板等设备的避雷引下线等都应准确地预埋在预制墙板中;厨房、卫生间和空调、洗衣机等设备的给水竖管也应准确地预埋在预制墙板中。

(2)预制混凝土叠合楼板施工的预埋和预留

电气管线预埋在楼板的混凝土叠合层中。因钢筋桁架叠合板电气接线盒已预埋好,混凝土叠合层浇筑前仅布置安装线管;PK 板电气接线盒需要开孔安装,并在混凝土叠合层浇筑前布置安装线管。

水暖水平管预埋在混凝土叠合层完成后的垫层(建筑做法)中,混凝土叠合层完成后及时铺设并与墙板预埋竖管对接;下水管对于钢筋桁架叠合板应该在预制厂预埋套管,PK 板应在混凝土叠合层浇筑前开孔安装套管。

(3)防雷、等电位联结点的预埋

框架结构装配式建筑的预制柱是在工厂加工制作的,两段柱体对接时,较多采用的是套筒连接方式:一段柱体端部为套筒,另一段为钢筋,钢筋插入套筒后注浆。如用柱结构钢筋做防雷引下线,就要将两段柱体钢筋用等截面钢筋焊接起来,达到电气贯通的目的。选择柱体内的两根钢筋做引下线和设置预埋件时,应尽量选择预制墙、柱的内侧,以便于后期焊接操作。

预制构件生产时,应注意避雷引下线的预留预埋,在柱子的两个端部均需要焊接与柱筋同截面的扁钢作为引下线埋件。

应在设有引下线的柱子室外地面上 500 mm 处,设置接地电阻测试盒,测试盒内测试端子与引下线焊接。此处应在工厂加工预制柱时做好预留,预制构件进场时,现场管理人员进行检查验收。

对于装配式混凝土剪力墙结构,可以将剪力墙边缘构件后浇混凝土段内钢筋作为防雷引下线。

装配式构件应在金属管道入户处做等电位联结,卫生间内的金属构件应进行等电位联结,应在装配式构件中预留好等电位联结点。

整体卫浴内的金属构件应在部品内完成等电位联结,并标明和外部联结的接口位置。

为防止侧击雷,应按照设计图纸的要求,建筑物内的各种竖向金属管道与钢筋连接,部分外墙上的栏杆、金属门窗等较大金属物要与防雷装置相连,结构内的钢筋连成闭合回路作为防侧击雷接闪带。均压环及防侧击雷接闪带均需与引下线做可靠连接,预制构件处需要按照具体设计图纸要求预埋连接点。

(4)预制整体卫生间的预埋和预留

预制整体卫浴是装配式结构最应该装配的预制构件部品,其不仅将大量的结构、装饰、装修、防水、水电安装等工程量工厂化,而且其同层排水做法彻底解决了本层漏水必须上层维修的邻里纠纷(甚至引起法律纠纷)的重大疑难问题。

7.6 成品保护

交叉作业时,应做好工序交接,不得对已完成工序的成品、半成品造成破坏。

在装配式混凝土建筑施工全过程中,应采取防止预制构件、部品及预制构件上的建筑附件、预埋件、预埋吊件等损伤或污染的保护措施。

预制构件饰面砖、石材、涂刷、门窗等处宜采用贴膜保护或其他专业材料保护。饰面砖保护应选用无褪色或污染的材料,以防揭膜后饰面砖表面被污染。安装完成后,门窗框应采用槽型木框保护。

连接止水条、高低口、墙体转角等薄弱部位,应采用定型保护垫块或专用式套件作加强保护。

预制楼梯饰面应采用铺设木板或其他覆盖形式的成品保护措施。楼梯安装后,踏步口宜铺设木条或其他覆盖形式保护。

遇有大风、大雨、大雪等恶劣天气时,应采取有效措施对存放预制构件成品进行保护。

装配式混凝土建筑的预制构件和部品在安装施工过程、施工完成后,不应受到施工机具碰撞。

施工梯架、工程用的物料等不得支撑、顶压或斜靠在部品上。

当进行混凝土地面等施工时,应防止物料污染、损坏预制构件和部品表面。

课后习题

1. 常用的起重吊装机械有哪些?它们各有什么特点和适用范围?
2. 对临时斜撑系统的支设和拆除有哪些规定和要求?
3. 简述预制混凝土墙、柱等竖向受力构件的安装施工工艺顺序。
4. 钢筋套筒灌浆连接的灌浆施工工艺有哪些要求?

第8章　装配式混凝土建筑质量控制与验收

8.1　概述

8.1.1　工程质量控制的概念

建设工程质量简称工程质量，是指建设工程满足相关标准规定和合同约定要求的程度，包括其在安全、使用功能及其在耐久性能、节能与环境保护等方面所有明示和隐含的固有特性。建设工程质量控制是指在实现工程建设项目目标的过程中，为满足项目总体质量要求而采用的生产施工与监督管理等活动。质量控制不仅关系工程的成败、进度的快慢、投资的多少，而且直接关系国家财产和人民生命安全。因此，装配式混凝土建筑必须严格保证工程质量控制水平，确保工程质量安全。与传统的现浇结构工程相比，装配式混凝土结构工程在质量控制方面具有以下特点：

①质量管理工作前置。由于装配式混凝土建筑的主要结构构件在工厂内加工制作，装配式混凝土建筑的质量管理工作从工程现场前置到了预制构件厂。建设单位、构件生产单位、监理单位应根据构件生产质量要求，在预制构件生产阶段即对预制构件生产质量进行控制。

②设计更加精细化。对于设计单位而言，为降低工程造价，预制构件的规格、型号需要尽可能的少；由于采用工厂预制、现场拼装以及水电管线等提前预埋，对施工图的精细化要求更高。因此，相对于传统的现浇结构工程，设计质量对装配式混凝土建筑工程的整体质量影响更大。设计人员需要进行更精细的设计，才能保证生产和安装的准确性。

③工程质量更易于保证。由于采用精细化设计、工厂化生产和现场机械拼装，构件的观感、尺寸偏差都比现浇结构更易于控制，强度稳定，避免了现浇结构质量通病的出现。因此，装配式混凝土建筑工程的质量更易于控制和保证。

④信息化技术应用。随着互联网技术的不断发展，数字化管理宜成为装配式混凝土建筑质量管理的一项重要手段，尤其是BIM技术的应用，使质量管理过程更加透明、细致、可追溯（图8.1）。

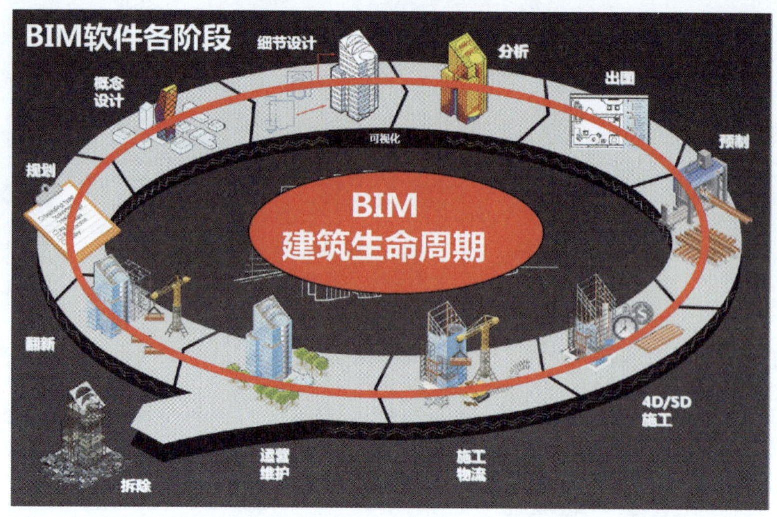

图 8.1 BIM 技术在装配式建筑全生命周期中的作用

8.1.2 装配式混凝土建筑工程质量控制依据

质量控制的主体包括建设单位、设计单位、项目管理单位、监理单位、构件生产单位、施工单位,以及其他材料的生产单位等。

质量控制方面的依据主要分为以下几类,不同的单位根据自己的管理职责根据不同的管理依据进行质量控制。

(1)工程合同文件

建设单位与设计单位签订的设计合同、与施工单位签订的安装施工合同、与生产厂家签订的构件采购合同都是装配式混凝土建筑工程质量控制的重要依据。

(2)工程勘察设计文件

工程勘察包括工程测量、工程地质和水文地质勘察等内容。工程勘察成果文件为工程项目选址、工程设计和施工提供科学可靠的依据。工程设计文件包括经过批准的设计图纸、技术说明、图纸会审、工程设计变更以及设计洽商、设计处理意见等。

(3)有关质量管理方面的法律法规、部门规章与规范性文件

①法律:《中华人民共和国建筑法》《中华人民共和国合同法》《中华人民共和国招标投标法》《中华人民共和国节约能源法》《中华人民共和国消防法》等。

②行政法规:《建设工程质量管理条例》《建设工程安全生产管理条例》《民用建筑节能条例》等。

③部门规章:《建筑工程施工许可管理办法》《实施工程建设强制性标准监督规定》等。

④规范性文件。

(4)质量标准与技术规范(规程)

近几年装配式混凝土建筑兴起,国家及地方针对装配式混凝土建筑工程制订了大量的标准。这些标准是装配式混凝土建筑质量控制的重要依据。我国质量标准分为国家标准、行业标准、地方标准和企业标准,国家标准的法律效力要高于行业标准、地方标准和企业标

准。我国《装配式混凝土建筑技术标准》(GB/T 51231—2016)为国家标准,《装配式混凝土结构技术规程》(JGJ 1—2014)为行业标准。因此,以上两个标准不一致之处,本书以《装配式混凝土建筑技术标准》(GB/T 51231—2016)为准。

此外,适用于混凝土结构工程的各类标准同样适用于装配式混凝土建筑工程。

8.1.3 影响装配式混凝土结构工程质量的因素

影响装配式混凝土结构工程质量的因素很多,归纳起来主要有5个方面,即人、工程材料、机械、方法和环境。

1)人员素质

人是生产经营活动的主体,也是工程项目建设的决策者、管理者、操作者,工程建设的全过程都是由人来完成的。

人的素质将直接或间接决定着工程质量的好坏。装配式混凝土建筑工程由于机械化水平高、批量生产、安装精度高等特点,对人员的素质尤其是生产加工和现场施工人员的文化水平、技术水平及组织管理能力都有更高的要求。普通的农民工已不能满足装配式混凝土建筑工程的建设需要,因此,培养高素质的产业化工人是确保建筑产业现代化向前发展的必然。

2)工程材料

工程材料是指构成工程实体的各类建筑材料、构配件、半成品等,是工程建设的物质条件,是工程质量的基础。

装配式混凝土建筑是由预制混凝土构件或部件通过各种可靠的方式连接,并与现场后浇混凝土形成整体的混凝土结构。因此,与传统的现浇结构相比,预制构件、灌浆料及连接套筒的质量是装配式混凝土建筑质量控制的关键。预制构件混凝土强度、钢筋设置、规格尺寸是否符合设计要求、力学性能是否合格、运输保管是否得当、灌浆料和连接套筒的质量是否合格等,都将直接影响工程的使用功能、结构安全、使用安全乃至外表及观感等。

3)机械设备

装配式混凝土建筑采用的机械设备可分为三类:第一类是指工厂内生产预制构件的工艺设备和各类机具,如各类模具、模台、布料机、蒸养室等,简称生产机具设备;第二类是指施工过程中使用的各类机具设备,包括大型垂直与横向运输设备、各类操作工具、各种施工安全设施,简称施工机具设备;第三类是指生产和施工中都会用到的各类测量仪器和计量器具等,简称测量设备。不论是生产机具设备、施工机具设备,还是测量设备都对装配式混凝土结构工程的质量有着非常重要的影响。

4)作业方法

作业方法是指施工工艺、操作方法、施工方案等。在混凝土结构构件加工时,为了保证构件的质量或受客观条件制约需要采用特定的加工工艺,不适合的加工工艺可能会造成构件质量的缺陷、生产成本增加或工期拖延等;现场安装过程中,吊装顺序、吊装方法的选择都会直接影响安装的质量。装配式混凝土结构的构件主要通过节点连接,因此,节点连接部位的施工工艺是装配式结构的核心工艺,对结构安全起决定性影响。采用新技术、新工艺、新方法，不断提高工艺技术水平，是保证工程质量稳定提高的重要因素。

5）环境条件

环境条件是指对工程质量特性起重要作用的环境因素，包括自然环境，如工程地质、水文、气象等；作业环境，如施工作业面大小、防护设施、通风照明和通信条件等；工程管理环境，主要是指工程实施的合同环境与管理关系的确定，组织体制及管理制度等；周边环境，如工程邻近的地下管线、建（构）筑物等。环境条件往往对工程质量产生特定的影响。

8.1.4 装配式混凝土建筑工程质量控制的阶段组成

从项目阶段性看，工程项目建设可以分解为不同阶段，不同的建设阶段对工程项目质量的形成起着不同的作用和影响。

（1）项目可行性研究阶段

项目可行性研究是在项目建议书和项目策划的基础上，运用经济学原理对投资项目的有关技术、经济、社会、环境及所有方面进行调查研究，对各种可能的拟建方案和建成投产后的经济效益、社会效益和环境效益进行技术经济分析、预测和论证，确定项目建设的可行性，并在可行的情况下，通过多方案比较从中选择出最佳建设方案，作为项目决策和设计的依据。在此过程中，需要确定工程项目的质量要求，并与投资目标相协调。因此，项目的可行性研究直接影响项目的决策质量和设计质量。

（2）项目决策阶段

项目决策阶段是通过项目可行性研究和项目评估，对项目的建设方案作出决策，使项目的建设充分反映业主的意愿，并与地区环境相适应，使得投资、质量、进度三者协调统一。因此，项目决策阶段对工程质量的影响主要是确定工程项目应达到的质量目标和水平。

（3）工程勘察、设计阶段

工程的地质勘察是为建设场地的选择和工程的设计与施工提供地质资料依据。工程设计是根据建设项目总体需求（包括已确定的质量目标和水平）和地质勘察报告，对工程的外形和内在的实体进行筹划、研究、构思、设计和描绘，形成设计说明书和图纸等相关文件，使得质量目标和水平具体化，为施工提供直接依据。

工程设计质量是决定工程质量的关键环节。工程采用什么样的平面布置和空间形式，选用什么样的结构类型，使用什么样的材料、构配件及设备等，都直接关系到工程主体结构的安全、可靠，关系到建设投资的综合功能是否充分体现规划意图。设计的严密性、合理性也决定了工程建设的成败，是建设工程的安全、适用、经济与环境保护等措施得以实现的保证。在一定程度上，设计的完美性也反映了一个国家的科技水平和文化水平。

（4）预制构件生产阶段

装配式混凝土建筑是由预制混凝土构件通过可靠的连接方式装配而成的混凝土结构。因此，预制构件的生产质量直接关系到整体建筑结构的质量与使用安全。

（5）工程施工阶段

工程施工是指按照设计图纸和相关文件的要求，在建设场地上将设计意图付诸实现的测量、作业、检验,形成工程实体建成最终产品的活动。任何优秀的设计成果,只有通过施工才能变为现实。因此,工程施工活动决定了设计意图能否体现,直接关系到工程的安全可靠、使用功能的保证,以及外表观感能否体现建筑设计的艺术水平。在一定程度上,工程施工是形成实体质量的决定性环节。

(6)工程竣工验收阶段

工程竣工验收就是对工程施工质量通过检查评定、试车运转,考核施工质量是否达到设计要求;是否符合决策阶段确定的质量目标和水平,并通过验收确保工程项目质量。所以,工程竣工验收对质量的影响是保证最终产品的质量。

建设工程的每个阶段都对工程质量的形成起着重要的作用。因此对装配式混凝土建筑必须进行全过程控制,要把质量控制落实到建设周期的每一个环节。但是,各阶段关于质量问题的重要程度和侧重点不同。应根据各阶段质量控制的特点和重点,确定各阶段质量控制的目标和任务。

8.2 预制构件生产阶段的质量控制与验收

8.2.1 生产制度管理

1)设计交底与会审

预制构件生产前,应由建设单位组织设计、生产、施工单位进行设计文件交底和会审。当原设计文件深度不够,不足以指导生产时,需要生产单位或专业公司另行制作加工详图。如加工详图与设计文件意图不同时,应经原设计单位认可。加工详图包括:预制构件模具图、配筋图;满足建筑、结构和机电设备等专业要求和构件制作、运输、安装等环节要求的预埋件布置图;面砖或石材的排版图,夹芯保温外墙板内外叶墙拉结件布置图和保温板排版图等。

2)生产方案

预制构件生产前应编制生产方案,生产方案宜包括生产计划及生产工艺、模具方案及计划、技术质量控制措施、成品存放、运输和保护方案等。必要时,应对预制构件脱模、吊运、码放、翻转及运输等工况进行计算。预制构件和部品生产中采用新技术、新工艺、新材料、新设备时,生产单位应制订专门的生产方案;必要时进行样品试制,经检验合格后方可实施。

3)首件验收制度

预制构件生产宜建立首件验收制度。首件验收制度是指结构较复杂的预制构件或新型构件首次生产或间隔较长时间重新生产时,生产单位需会同建设单位、设计单位、施工单位、监理单位共同进行首件验收,重点检查模具、构件、预埋件、混凝土浇筑成型中存在的问题,确认该批预制构件生产工艺是否合理,质量能否得到保障,共同验收合格之后方可批量生产。

4)原材料检验

预制构件的原材料质量、钢筋加工和连接的力学性能、混凝土强度、构件结构性能、装饰材料、保温材料及拉结件的质量等均应根据国家现行有关标准进行检查和检验，并应具有生产操作规程和质量检验记录。

5）构件检验

预制构件生产的质量检验应按模具、钢筋、混凝土、预应力、预制构件等检验进行。预制构件的质量评定应根据钢筋、混凝土、预应力、预制构件的试验、检验资料等项目进行。当上述各检验项目的质量均合格时，方可评定为合格产品。检验时对新制或改制后的模具应按件检验，对重复使用的定型模具、钢筋半成品和成品应分批随机抽样检验，对混凝土性能应按批检验。模具、钢筋、混凝土、预制构件制作、预应力施工等质量，均应在生产班组自检、互检和交接检的基础上，由专职检验员进行检验。

6）构件表面标识

预制构件和部品经检查合格后，宜设置表面标识。预制构件的表面标识宜包括构件编号、制作日期、合格状态、生产单位等信息。

7）质量证明文件

预制构件和部品出厂时，应出具质量证明文件。目前，有些地方的预制构件生产实行了监理驻厂监造制度，应根据各地方技术发展水平细化预制构件生产全过程监测制度，驻厂监理应在出厂质量证明文件上签字。

8.2.2 预制混凝土构件生产质量控制

生产过程的质量控制是预制构件质量控制的关键环节，需要做好生产过程各个工序的质量控制、隐蔽工程验收、质量评定和质量缺陷的处理等工作。预制构件生产企业应配备满足工作需求的质量员，质量员应具备相应的工作能力并经水平检测合格。

在预制构件生产之前，应对各工序进行技术交底，上道工序未经检查验收合格，不得进行下道工序。混凝土浇筑前，应对模具组装、钢筋及网片安装、预留及预埋件布置等内容进行检查验收。工序检查由各工序班组自行检查，检查数量为全数检查，应做好相应的检查记录。

1）模具组装的质量检查

预制构件生产应根据生产工艺、产品类型等制订模具方案，应建立健全模具验收、使用制度。模具应具有足够的强度、刚度和整体稳固性，并应符合下列规定：

①模具应装拆方便，并应满足预制构件质量、生产工艺和周转次数等要求。

②结构造型复杂、外型有特殊要求的模具应制作样板，经检验合格后方可批量制作。

③模具各部件之间应连接牢固，接缝应紧密，附带的埋件或工装应定位准确，安装牢固。

④用作底模的台座、胎模、地坪及铺设的底板等应平整光洁，不得有下沉、裂缝、起砂和起鼓。

⑤模具应保持清洁，涂刷脱模剂、表面缓凝剂时应均匀、无漏刷、无堆积，且不得沾污钢筋，不得影响预制构件外观效果。

⑥应定期检查侧模、预埋件和预留孔洞定位措施的有效性；应采取防止模具变形和锈蚀

的措施;重新启用的模具应检验合格后方可使用。

⑦模具与平模台间的螺栓、定位销、磁盒等固定方式应可靠,防止混凝土振捣成型时造成模具偏移和漏浆。

模具组装前,首先需根据构件制作图核对模板的尺寸是否满足设计要求,然后对模板几何尺寸进行检查,包括模板与混凝土接触面的平整度、板面弯曲、拼装接缝等,再次对模具的观感进行检查,接触面不应有划痕、锈渍和氧化层脱落等现象。

预制构件模具尺寸偏差和检验方法应符合表8.1的规定。

表8.1 预制构件模具尺寸允许偏差及检验方法

项次	检验项目、内容		允许偏差(mm)	检验方法
1	长度	≤6 m	1,-2	用尺量平行构件高度方向,取其中偏差绝对值较大处
		>6 m且≤12 m	2,-4	
		>12 m	3,-5	
2	宽度、高(厚)度	墙板	1,-2	用尺测量两端或中部,取其中偏差绝对值较大处
3		其他构件	2,-4	
4	底模表面平整度		2	用2 m靠尺和塞尺量
5	对角线差		3	用尺量对角线
6	侧向弯曲		L/1 500且≤5	拉线,用钢尺量测侧向弯曲最大处
7	翘曲		L/1 500	对角拉线测量交点间距离值的2倍
8	组装缝隙		1	用塞片或塞尺量测,取最大值
9	端模与侧模高低差		1	用钢尺量

注:L为模具与混凝土接触面中最长边的尺寸。

构件上的预埋件和预留孔洞宜通过模具进行定位,并安装牢固,其安装偏差应符合表8.2的规定。

表8.2 模具上预埋件、预留孔洞安装允许偏差

项次	检验项目		允许偏差(mm)	检验方法
1	预埋钢板、建筑幕墙用槽式预埋组件	中心线位置	3	用尺量测纵横两个方向的中心线位置,取其中较大值
		平面高差	±2	钢直尺和塞尺检查
2	预埋管、电线盒、电线管水平和垂直方向的中心线位置偏移、预留孔、浆锚搭接预留孔(或波纹管)		2	用尺量测纵横两个方向的中心线位置,取其中较大值
3	插筋	中心线位置	3	用尺量测纵横两个方向的中心线位置,取其中较大值
		外露长度	+10,0	用尺量测

续表

项次	检验项目		允许偏差(mm)	检验方法
4	吊环	中心线位置	3	用尺量测纵横两个方向的中心线位置,取其中较大值
		外露长度	0,-5	用尺量测
5	预埋螺栓	中心线位置	2	用尺量测纵横两个方向的中心线位置,取其中较大值
		外露长度	+5,0	用尺量测
6	预埋螺母	中心线位置	2	用尺量测纵横两个方向的中心线位置,取其中较大值
		平面高差	±1	钢直尺和塞尺检查
7	预留洞	中心线位置	3	用尺量测纵横两个方向的中心线位置,取其中较大值
		尺寸	+3,0	用尺量测纵横两个方向尺寸,取其中较大值
8	灌浆套筒及连接钢筋	灌浆套筒中心线位置	1	用尺量测纵横两个方向的中心线位置,取其中较大值
		连接钢筋中心线位置	1	用尺量测纵横两个方向的中心线位置,取其中较大值
		连接钢筋外露长度	+5,0	用尺量测

预制构件中预埋门窗框时,应在模具上设置限位装置进行固定,并应逐件检验。门窗框安装偏差和检验方法应符合表8.3的规定。

表8.3 门窗框安装允许偏差和检验方法

项　目		允许偏差(mm)	检验方法
锚固脚片	中心线位置	5	钢尺检查
	外露长度	+5,0	钢尺检查
门窗框位置		2	钢尺检查
门窗框高、宽		±2	钢尺检查
门窗框对角线		±2	钢尺检查
门窗框的平整度		2	靠尺检查

2)钢筋成品、钢筋桁架的质量检查

钢筋宜采用自动化机械设备加工。使用自动化机械设备进行钢筋加工与制作,可减少钢筋损耗且有利于质量控制,有条件时应尽量采用。

钢筋连接除应符合现行国家标准《混凝土结构工程施工规范》GB 50666 的有关规定外，尚应符合下列规定：

①钢筋接头的方式、位置、同一截面受力钢筋的接头百分率、钢筋的搭接长度及锚固长度等应符合设计要求或国家现行有关标准的规定。

②钢筋焊接接头、机械连接接头和套筒灌浆连接接头均应进行工艺检验，试验结果合格后方可进行预制构件生产。

③螺纹接头和半灌浆套筒连接接头应使用专用扭力扳手拧紧至规定扭力值。

④钢筋焊接接头和机械连接接头应全数检查外观质量。

⑤焊接接头、钢筋机械连接接头、钢筋套筒灌浆连接接头力学性能应符合现行相关标准的规定。

钢筋半成品、钢筋网片、钢筋骨架和钢筋桁架应检查合格后方可进行安装，并应符合下列规定：

①钢筋表面不得有油污，不应严重锈蚀。

②钢筋网片和钢筋骨架宜采用专用吊架进行吊运。

③混凝土保护层厚度应满足设计要求。保护层垫块宜与钢筋骨架或网片绑扎牢固，按梅花状布置，间距满足钢筋限位及控制变形要求，钢筋绑扎丝甩扣应弯向构件内侧。

钢筋成品的尺寸偏差应符合表 8.4 的规定，钢筋桁架的尺寸偏差应符合表 8.5 的规定。预埋件加工偏差应符合表 8.6 的规定。

表 8.4　钢筋成品的允许偏差和检验方法

项　目			允许偏差(mm)	检验方法
钢筋网片	长、宽		±5	钢尺检查
	网眼尺寸		±10	钢尺量连续三档、取最大值
	对角线		5	钢尺检查
	端头不齐		5	钢尺检查
钢筋骨架	长		0,-5	钢尺检查
	宽		±5	钢尺检查
	高(厚)		±5	钢尺检查
	主筋间距		±10	钢尺量两端、中间各一点、取最大值
	主筋排距		±5	钢尺量两端、中间各一点、取最大值
	箍筋间距		±10	钢尺量连续三档、取最大值
	弯起点位置		15	钢尺检查
	端头不齐		5	钢尺检查
	保护层	柱、梁	±5	钢尺检查
		板、墙	±3	钢尺检查

表 8.5 钢筋桁架尺寸允许偏差

项次	检验项目	允许偏差(mm)
1	长度	总长度的±0.3%,且不超过±10
2	高度	+1,-3
3	宽度	±5
4	扭翘	≤5

表 8.6 预埋件加工允许偏差

项次	检验项目		允许偏差(mm)	检验方法
1	预埋件锚板的边长		0,-5	用钢尺量测
2	预埋件锚板的平整度		1	用直尺和塞尺量测
3	锚筋	长度	10,-5	用钢尺量测
		间距偏差	±10	用钢尺量测

3)隐蔽工程验收

在混凝土浇筑之前,应对每块预制构件进行隐蔽工程验收,确保其符合设计要求和规范规定。企业的质检员和质量负责人负责隐蔽工程验收,验收内容包括原材料抽样检验和钢筋、模具、预埋件、保温板及外装饰面等工序安装质量的检验。原材料的抽样检验按照前述要求进行,钢筋、模具、预埋件、保温板及外装饰面等各安装工序的质量检验按照前述要求进行。

隐蔽工程验收的范围为全数检查,验收完成应形成相应的隐蔽工程验收记录,并保留存档。

8.2.3 预制构件质量验收

预制构件脱模后,应对其外观质量和尺寸进行检查验收。外观质量不宜有一般缺陷,不应有严重缺陷。对于已经出现的一般缺陷,应进行修补处理,并重新检查验收;对于已经出现的严重缺陷,修补方案应经设计、监理单位认可之后进行修补处理,并重新检查验收。预制构件叠合面的粗糙度和凹凸深度应符合设计及规范要求。外观质量、尺寸偏差的验收要求及检验方法见表 8.7—表 8.11。

表 8.7 构件外观质量缺陷分类

名称	现 象	严重缺陷	一般缺陷
露筋	构件内钢筋未被混凝土包裹而外露	纵向受力钢筋有露筋	其他钢筋有少量露筋
蜂窝	混凝土表面缺少水泥砂浆而形成石子外露	构件主要受力部位有蜂窝	其他部位有少量蜂窝

续表

名称	现　象	严重缺陷	一般缺陷
孔洞	混凝土中孔穴深度和长度均超过保护层厚度	构件主要受力部位有孔洞	其他部位有少量孔洞
夹渣	混凝土中夹有杂物且深度超过保护层厚度	构件主要受力部位有夹渣	其他部位有少量夹渣
疏松	混凝土中局部不密实	构件主要受力部位有疏松	其他部位有少量疏松
裂缝	缝隙从混凝土表面延伸至混凝土内部	构件主要受力部位有影响结构性能或使用功能的裂缝	其他部位有少量不影响结构性能或使用功能的裂缝
连接部位缺陷	构件连接处混凝土缺陷及连接钢筋、连结件松动，插筋严重锈蚀、弯曲，灌浆套筒堵塞、偏位，灌浆孔洞堵塞、偏位、破损等缺陷	连接部位有影响结构传力性能的缺陷	连接部位有基本不影响结构性能的缺陷
外形缺陷	缺棱掉角、棱角不直、翘曲不平、飞出凸肋等，装饰面砖黏结不牢、表面不平、砖缝不顺直等	清水或具有装饰的混凝土构件内有影响使用功能或装饰效果的外形缺陷	其他混凝土构件有不影响使用功能的外形缺陷
外表缺陷	构件表面麻面、掉皮、起砂、沾污等	具有重要装饰效果的清水混凝土构件有外表缺陷	其他混凝土构件有不影响使用功能的外表缺陷

表8.8　预制楼板类构件外形尺寸允许偏差及检验方法

项次	检查项目			允许偏差（mm）	检验方法
1	规格尺寸	长度	<12 m	±5	用尺量两端及中间部，取其中偏差绝对值较大值
			≥12 m 且<18 m	±10	
			≥18 m	±20	
2		宽度		±5	用尺量两端及中间部，取其中偏差绝对值较大值
3		厚度		±5	用尺量四角和四边中部位置共8处，取其中偏差绝对值较大值
4	对角线差			6	在构件表面，用尺量测两对角线的长度，取其绝对值的差值
5	外形	表面平整度	内表面	4	用2 m靠尺安放在构件表面上，用楔形塞尺量测靠尺与表面之间的最大缝隙
			外表面	3	
6		楼板侧向弯曲		$L/750$ 且 ≤20 mm	拉线、钢尺量最大弯曲处
7		扭翘		$L/750$	四对角拉两条线，量测两线交点之间的距离，其值的2倍为扭翘值

续表

项次	检查项目			允许偏差（mm）	检验方法
8	预埋部件	预埋钢板	中心线位置偏差	5	用尺量纵横两个方向的中心线位置，取其中较大值
			平面高差	0,-5	用尺紧靠在预埋件上，用楔形塞尺量测预埋件平面与混凝土面的最大缝隙
9		预埋螺栓	中心线位置偏移	2	用尺量纵横两个方向的中心线位置，取其中较大值
			外露长度	+10,-5	用尺量
10		预埋线盒、电盒	在构件平面的水平方向中心位置偏差	10	用尺量
			与构件表面混凝土偏差	0,-5	用尺量
11	预留孔	中心线位置偏移		5	用尺量测纵横两个方向的中心线位置，取其中较大值
		孔尺寸		±5	用尺量测纵横两个方向尺寸，取其中较大值
12	预留洞	中心线位置偏移		5	用尺量测纵横两个方向的中心线位置，取其中较大值
		洞口尺寸、深度		±5	用尺量测纵横两个方向尺寸，取其中较大值
13	预留插筋	中心线位置偏移		3	用尺量测纵横两个方向的中心线位置，取其中较大值
		外露长度		±5	用尺量
14	吊环、木砖	中心线位置偏移		10	用尺量测纵横两个方向的中心线位置，取其中较大值
		留出高度		0,-10	用尺量
15	桁架钢筋高度			+5,0	用尺量

表 8.9 预制墙板类构件外形尺寸允许偏差及检验方法

<table>
<tr><th>项次</th><th colspan="3">检查项目</th><th>允许偏差（mm）</th><th>检验方法</th></tr>
<tr><td>1</td><td rowspan="3">规格尺寸</td><td colspan="2">高度</td><td>±4</td><td>用尺量两端及中间部，取其中偏差绝对值较大值</td></tr>
<tr><td>2</td><td colspan="2">宽度</td><td>±4</td><td>用尺量两端及中间部，取其中偏差绝对值较大值</td></tr>
<tr><td>3</td><td colspan="2">厚度</td><td>±3</td><td>用尺量四角和四边中部位置共 8 处，取其中偏差绝对值较大值</td></tr>
<tr><td>4</td><td colspan="3">对角线差</td><td>5</td><td>在构件表面，用尺量测两对角线的长度，取其绝对值的差值</td></tr>
<tr><td rowspan="2">5</td><td rowspan="4">外形</td><td rowspan="2">表面平整度</td><td>内表面</td><td>4</td><td rowspan="2">用 2 m 靠尺安放在构件表面上，用楔形塞尺量测靠尺与表面之间的最大缝隙</td></tr>
<tr><td>外表面</td><td>3</td></tr>
<tr><td>6</td><td colspan="2">侧向弯曲</td><td>$L/1\,000$ 且 ≤20 mm</td><td>拉线，钢尺量最大弯曲处</td></tr>
<tr><td>7</td><td colspan="2">扭翘</td><td>$L/1\,000$</td><td>四对角拉两条线，量测两线交点之间的距离，其值的 2 倍为扭翘值</td></tr>
<tr><td rowspan="2">8</td><td rowspan="6">预埋部件</td><td rowspan="2">预埋钢板</td><td>中心线位置偏移</td><td>5</td><td>用尺量测纵横两个方向的中心线位置，取其中较大值</td></tr>
<tr><td>平面高差</td><td>0，-5</td><td>用尺紧靠在预埋件上，用楔形塞尺量测预埋件平面与混凝土面的最大缝隙</td></tr>
<tr><td rowspan="2">9</td><td rowspan="2">预埋螺栓</td><td>中心线位置偏移</td><td>2</td><td>用尺量测纵横两个方向的中心线位置，取其中较大值</td></tr>
<tr><td>外露长度</td><td>+10，-5</td><td>用尺量</td></tr>
<tr><td rowspan="2">10</td><td rowspan="2">预埋套筒、螺母</td><td>中心线位置偏移</td><td>2</td><td>用尺量测纵横两个方向的中心线位置，取其中较大值</td></tr>
<tr><td>平面高差</td><td>0，-5</td><td>用尺紧靠在预埋件上，用楔形塞尺量测预埋件平面与混凝土面的最大缝隙</td></tr>
<tr><td rowspan="2">11</td><td rowspan="2">预留孔</td><td colspan="2">中心线位置偏移</td><td>5</td><td>用尺量测纵横两个方向的中心线位置，取其中较大值</td></tr>
<tr><td colspan="2">孔尺寸</td><td>±5</td><td>用尺量测纵横两个方向尺寸，取其较大值</td></tr>
<tr><td rowspan="2">12</td><td rowspan="2">预留洞</td><td colspan="2">中心线位置偏移</td><td>5</td><td>用尺量测纵横两个方向的中心线位置，取其中较大值</td></tr>
<tr><td colspan="2">洞口尺寸、深度</td><td>±5</td><td>用尺量测纵横两个方向尺寸，取其较大值</td></tr>
</table>

续表

项次	检查项目		允许偏差（mm）	检验方法
13	预留插筋	中心线位置偏移	3	用尺量测纵横两个方向的中心线位置，取其中较大值
		外露长度	±5	用尺量
14	吊环、木砖	中心线位置偏移	10	用尺量测纵横两个方向的中心线位置，取其中较大值
		与构件表面混凝土的高差	0,-10	用尺量
15	键槽	中心线位置偏移	5	用尺量测纵横两个方向的中心线位置，取其中较大值
		长度、宽度	±5	用尺量
		深度	±5	用尺量
16	灌浆套筒及连接钢筋	灌浆套筒中心线位置	2	用尺量测纵横两个方向的中心线位置，取其中较大值
		连接钢筋中心线位置	2	用尺量测纵横两个方向的中心线位置，取其中较大值
		连接钢筋外露长度	+10,0	用尺量

表 8.10　预制梁柱桁架类构件外形尺寸允许偏差及检验方法

项次	检查项目			允许偏差（mm）	检验方法
1	规格尺寸	长度	<12 m	±5	用尺量两端及中间部，取其中偏差绝对值较大值
			≥12 m 且<18 m	±10	
			≥18 m	±20	
2		宽度		±5	用尺量两端及中间部，取其中偏差绝对值较大值
3		厚度		±5	用尺量四角和四边中部位置共 8 处，取其中偏差绝对值较大值
4	表面平整度			4	用 2 m 靠尺安放在构件表面上，用楔形塞尺量测靠尺与表面之间的最大缝隙
5	侧向弯曲	梁柱		$L/750$ 且≤20 mm	拉线、钢尺量最大弯曲处
		桁架		$L/1\ 000$ 且≤20 mm	

续表

<table>
<tr><th>项次</th><th colspan="3">检查项目</th><th>允许偏差（mm）</th><th>检验方法</th></tr>
<tr><td rowspan="2">6</td><td rowspan="4">预埋部件</td><td rowspan="2">预埋钢板</td><td>中心线位置偏移</td><td>5</td><td>用尺量纵横两个方向的中心线位置，取其中较大值</td></tr>
<tr><td>平面高差</td><td>0,-5</td><td>用尺紧靠在预埋件上，用楔形塞尺量测预埋件平面与混凝土面的最大缝隙</td></tr>
<tr><td rowspan="2">7</td><td rowspan="2">预埋螺栓</td><td>中心线位置偏移</td><td>2</td><td>用尺量纵横两个方向的中心线位置，取其中较大值</td></tr>
<tr><td>外露长度</td><td>+10,-5</td><td>用尺量</td></tr>
<tr><td rowspan="2">8</td><td rowspan="2">预留孔</td><td colspan="2">中心线位置偏移</td><td>5</td><td>用尺量测纵横两个方向的中心线位置，取其中较大值</td></tr>
<tr><td colspan="2">孔尺寸</td><td>±5</td><td>用尺量测纵横两个方向尺寸，取其较大值</td></tr>
<tr><td rowspan="2">9</td><td rowspan="2">预留洞</td><td colspan="2">中心线位置偏移</td><td>5</td><td>用尺量测纵横两个方向的中心线位置，取其中较大值</td></tr>
<tr><td colspan="2">洞口尺寸、深度</td><td>±5</td><td>用尺量测纵横两个方向尺寸，取其较大值</td></tr>
<tr><td rowspan="2">10</td><td rowspan="2">预留插筋</td><td colspan="2">中心线位置偏移</td><td>3</td><td>用尺量测纵横两个方向的中心线位置，取其中较大值</td></tr>
<tr><td colspan="2">外露长度</td><td>±5</td><td>用尺量</td></tr>
<tr><td rowspan="2">11</td><td rowspan="2">吊环</td><td colspan="2">中心线位置偏移</td><td>10</td><td>用尺量测纵横两个方向的中心线位置，取其中较大值</td></tr>
<tr><td colspan="2">留出高度</td><td>0,-10</td><td>用尺量</td></tr>
<tr><td rowspan="3">12</td><td rowspan="3">键槽</td><td colspan="2">中心线位置偏移</td><td>5</td><td>用尺量测纵横两个方向的中心线位置，取其中较大值</td></tr>
<tr><td colspan="2">长度、宽度</td><td>±5</td><td>用尺量</td></tr>
<tr><td colspan="2">深度</td><td>±5</td><td>用尺量</td></tr>
<tr><td rowspan="3">13</td><td rowspan="3">灌浆套筒及连接钢筋</td><td colspan="2">灌浆套筒中心线位置</td><td>2</td><td>用尺量测纵横两个方向的中心线位置，取其中较大值</td></tr>
<tr><td colspan="2">连接钢筋中心线位置</td><td>2</td><td>用尺量测纵横两个方向的中心线位置，取其中较大值</td></tr>
<tr><td colspan="2">连接钢筋外露长度</td><td>+10,0</td><td>用尺量测</td></tr>
</table>

表 8.11 装饰构件外观尺寸允许偏差及检验方法

项次	装饰种类	检查项目	允许偏差(mm)	检验方法
1	通用	表面平整度	2	2 m 靠尺或塞尺检查
2	面砖、石材	阳角方正	2	用托线板检查
3		上口平直	2	拉通线用钢尺检查
4		接缝平直	3	用钢尺或塞尺检查
5		接缝深度	±5	用钢尺或塞尺检查
6		接缝宽度	±2	用钢尺检查

8.2.4 预制构件成品的出厂质量检验

预制混凝土构件成品出厂质量检验是预制混凝土构件质量控制过程中最后的环节，也是关键环节。预制混凝土构件出厂前应对其成品质量进行检查验收，合格后方可出厂。

1)预制构件资料

预制构件的资料应与产品生产同步形成、收集和整理，归档资料宜包括以下内容：

①预制混凝土构件加工合同。

②预制混凝土构件加工图纸、设计文件、设计洽商、变更或交底文件。

③生产方案和质量计划等文件。

④原材料质量证明文件、复试试验记录和试验报告。

⑤混凝土试配资料。

⑥混凝土配合比通知单。

⑦混凝土开盘鉴定。

⑧混凝土强度报告。

⑨钢筋检验资料、钢筋接头的试验报告。

⑩模具检验资料。

⑪预应力施工记录。

⑫混凝土浇筑记录。

⑬混凝土养护记录。

⑭构件检验记录。

⑮构件性能检测报告。

⑯构件出厂合格证。

⑰质量事故分析和处理资料。

⑱其他与预制混凝土构件生产和质量有关的重要文件资料。

2)质量证明文件

预制构件交付的产品质量证明文件应包括以下内容：

①出厂合格证。

②混凝土强度检验报告。

③钢筋套筒等其他构件钢筋连接类型的工艺检验报告。

④合同要求的其他质量证明文件。

8.3　装配式混凝土结构施工质量控制与验收

8.3.1　施工制度管理

1)工装系统

装配式混凝土建筑施工宜采用工具化、标准化的工装系统。工装系统是指装配式混凝土建筑吊装、安装过程中所用的工具化、标准化吊具、支撑架体等产品,包括标准化堆放架、模数化通用吊梁、框式吊梁、起吊装置、吊钩吊具、预制墙板斜支撑、叠合板独立支撑、支撑体系、模架体系、外围护体系、系列操作工具等产品。工装系统的定型产品及施工操作均应符合国家现行有关标准及产品应用技术手册的有关规定,在使用前应进行必要的施工验算。

2)信息化模拟

装配式混凝土建筑施工宜采用建筑信息模型技术对施工全过程及关键工艺进行信息化模拟。施工安装宜采用 BIM 组织施工方案,用 BIM 模型指导和模拟施工,制订合理的施工工序并精确算量,从而提高施工管理水平和施工效率,减少浪费。

3)预制构件试安装

装配式混凝土建筑施工前,宜选择有代表性的单元进行预制构件试安装,并应根据试安装结果及时调整施工工艺、完善施工方案。为避免由于设计或施工缺乏经验造成工程实施障碍或损失,保证装配式混凝土结构施工质量,并不断摸索和积累经验,特提出应通过试生产和试安装进行验证性试验。装配式混凝土结构施工前的试安装,对于没有经验的承包商非常必要,不但可以验证设计和施工方案存在的缺陷,还可以培训人员,调试设备,完善方案。对于没有实践经验的新的结构体系,应在施工前进行典型单元的安装试验,验证并完善方案实施的可行性,这对于体系的定型和推广使用,是十分重要的。

4)“四新”推广要求

装配式混凝土建筑施工中采用的新技术、新工艺、新材料、新设备,应按有关规定进行评审、备案。施工前,应对新的或首次采用的施工工艺进行评价,并应制订专门的施工方案。施工方案经监理单位审核批准后实施。

5)安全措施的落实

装配式混凝土建筑施工过程中应采取安全措施,并应符合国家现行有关标准的规定。装配式混凝土建筑施工中,应建立健全安全管理保障体系和管理制度,对危险性较大分部分项工程应经专家论证通过后进行施工。应结合装配施工特点,针对构件吊装、安装施工安全要求,制订系列安全专项方案。

6)人员培训

施工单位应根据装配式混凝土建筑工程特点配置组织的机构和人员。施工作业人员应具备岗位需要的基础知识和技能。施工企业应对管理人员及作业人员进行专项培训,严禁未培训上岗及培训不合格者上岗;要建立完善的内部教育和考核制度,通过定期考核和劳动竞赛等形式提高职工素质。对于长期从事装配式混凝土建筑施工的企业,应逐步建立专业化的施工队伍。

7)施工组织设计

装配式混凝土建筑应结合设计、生产、装配一体化的原则整体策划,协同建筑、结构、机电、装饰装修等专业要求,制订施工组织设计。施工组织设计应体现管理组织方式吻合装配工法的特点,以发挥装配技术优势为原则。

8)专项施工方案

装配式混凝土结构施工应制订专项方案。装配式混凝土结构施工方案应全面、系统,且应结合装配式建筑特点和一体化建造的具体要求,满足资源节省、人工减少、质量提高、工期缩短的原则。专项施工方案宜包括以下内容。

①工程概况:应包括工程名称、地址;建筑规模和施工范围;建设单位、设计单位、施工单位、监理单位信息;质量和安全目标。

②编制依据:指导安装所必需的施工图(包括构件拆分图和构件布置图)和相关的国家标准、行业标准、部颁标准,省和地方标准及强制性条文与企业标准。

③工程设计结构及建筑特点:结构安全等级、抗震等级、地质水文、地基与基础结构以及消防、保温等要求。同时,要重点说明装配式结构的体系形式和工艺特点,对工程难点和关键部位要有清晰的预判。

④工程环境特征:场地供水、供电、排水情况;详细说明与装配式结构紧密相关的气候条件:雨、雪、风特点;对构件运输影响大的道路桥梁情况。

⑤进度计划:进度计划应结合协同构件生产计划和运输计划等。

⑥施工场地布置:包括场内循环通道、吊装设备布设、构件码放场地等。

⑦预制构件运输与存放:预制构件运输方案包括车辆型号及数量、运输路线、发货安排、现场装卸方法等。

⑧安装与连接施工:包括测量方法、吊装顺序和方法、构件安装方法、节点施工方法、防水施工方法、后浇混凝土施工方法、全过程的成品保护及修补措施等。

⑨绿色施工。

⑩安全管理:包括吊装安全措施、专项施工安全措施等。

⑪质量管理:包括构件安装的专项施工质量管理,渗漏、裂缝等质量缺陷防治措施。

⑫信息化管理。

⑬应急预案。

9)图纸会审

图纸会审是指工程各参建单位(建设单位、监理单位、施工单位、各种设备厂家)在收到设计院施工图设计文件后，对图纸进行全面细致的熟悉，审查出施工图中存在的问题及不合理情况并提交设计院进行处理的一项重要活动。

对于装配式混凝土建筑的图纸会审应重点关注以下几个方面：

①装配式结构体系的选择和创新应该得到专家论证，深化设计图应该符合专家论证的结论。

②对于装配式结构与常规结构的转换层，其固定墙部分需与预制墙板灌浆套筒对接的预埋钢筋的长度和位置。

③墙板间边缘构件竖缝主筋的连接和箍筋的封闭，后浇混凝土部位粗糙面和键槽。

④预制墙板之间上部叠合梁对接节点部位的钢筋(包括锚固板)搭接是否存在矛盾。

⑤外挂墙板的外挂节点做法、板缝防水和封闭做法。

⑥水、电线管盒的预埋、预留，预制墙板内预埋管线与现浇楼板的预埋管线的衔接。

10)技术、安全交底

技术交底的内容包括图纸交底、施工组织设计交底、设计变更交底、分项工程技术交底。技术交底采用三级制，即项目技术负责人→施工员→班组长。项目技术负责人向施工员进行交底，要求细致、齐全，并应结合具体操作部位、关键部位的质量要求、操作要点及安全注意事项等进行交底。

施工员接受交底后，应反复、细致地向操作班组进行交底，除口头和文字交底外，必要时应进行图表、样板、示范操作等方法的交底。班组长在接受交底后，应组织工人进行认真讨论，保证其明确施工意图。

对于现场施工人员要坚持每日班前会制度，与此同时进行安全教育和安全交底，做到安全教育天天讲，安全意识时刻保持。

11)测量放线

安装施工前，应进行测量放线、设置构件安装定位标识。根据安装连接的精细化要求，控制合理误差。安装定位标识方案应按照一定顺序进行编制，标识点应清晰明确，定位顺序应便于查询。

12)吊装设备复核

安装施工前，应复核吊装设备的吊装能力，检查复核吊装设备及吊具处于安全操作状态，并核实现场环境、天气、道路状况等满足吊装施工要求。

13)核对已完结构和预制构件

安装施工前，应核对已施工完成结构、基础的外观质量和尺寸偏差，确认混凝土强度和预留预埋符合设计要求，并应核对预制构件的混凝土强度及预制构件和配件的型号、规格、数量等符合设计要求。

8.3.2　预制构件的进场验收

1)验收程序

预制构件运至现场后，施工单位应组织构件生产企业、监理单位对预制构件的质量进行验收，验收内容包括质量证明文件验收和构件外观质量、结构性能检验等。未经进场验收或进场验收不合格的预制构件，严禁使用。施工单位应对构件进行全数验收，监理单位对构件质量进行抽检，发现存在影响结构质量或吊装安全的缺陷时，不得验收通过。

2）验收内容

（1）质量证明文件

预制构件进场时，施工单位应要求构件生产企业提供构件的产品合格证、说明书、试验报告、隐蔽验收记录等质量证明文件。对质量证明文件的有效性进行检查，并根据质量证明文件核对构件。

（2）观感验收

在质量证明文件齐全、有效的情况下，对构件的外观质量、外形尺寸等进行验收。观感质量可通过观察和简单的测试确定，工程的观感质量应由验收人员通过现场检查并应共同确认，对影响观感及使用功能或质量评价为差的项目应进行返修。观感验收也应符合相应的标准。观感验收主要检查以下内容：

①预制构件粗糙面质量和键槽数量是否符合设计要求。

②预制构件吊装预留吊环、预留焊接埋件应安装牢固、无松动。

③预制构件的外观质量不应有严重缺陷，对已经出现的严重缺陷，应按技术处理方案进行处理，并重新检查验收。

④预制构件的预埋件、插筋及预留孔洞等规格、位置和数量应符合设计要求。对存在的影响安装及施工功能的缺陷，应按技术处理方案进行处理，并重新检查验收。

⑤预制构件的尺寸应符合设计要求，且不应有影响结构性能和安装、使用功能的尺寸偏差。对超过尺寸允许偏差且影响结构性能和安装、使用功能的部位，应按技术处理方案进行处理，并重新检查验收。

⑥构件明显部位是否贴有标识构件型号、生产日期和质量验收合格的标志。

（3）结构性能检验

在必要的情况下，应按要求对构件进行结构性能检验，具体要求如下：

①梁板类简支受弯预制构件进场时应进行结构性能检验，并应符合下列规定：

a. 结构性能检验应符合现行国家相关标准的有关规定及设计的要求，检验要求和试验方法应符合《混凝土结构工程施工质量验收规范》（GB 50204）的规定。

b. 钢筋混凝土构件和允许出现裂缝的预应力混凝土构件应进行承载力、挠度和裂缝宽度检验；不允许出现裂缝的预应力混凝土构件应进行承载力、挠度和抗裂检验。

c. 对大型构件及有可靠应用经验的构件，可只进行裂缝宽度、抗裂和挠度检验。

d. 对使用数量较少的构件，当能提供可靠依据时，可不进行结构性能检验。

②对其他预制构件，如叠合板、叠合梁的梁板类受弯预制构件（叠合底板、底梁），除设计有专门要求外，进场时可不做结构性能检验，但应采取下列措施：

a. 施工单位或监理单位代表应驻厂监督制作过程。

b. 当无驻厂监督时，预制构件进场时应对预制构件主要受力钢筋数量、规格、间距及混凝土强度等进行实体检验。

8.3.3 预制构件安装施工过程的质量控制

预制构件安装是将预制构件按照设计图纸要求,通过节点之间的可靠连接,并与现场后浇混凝土形成整体混凝土结构的过程,预制构件安装的质量对整体结构的安全和质量起着至关重要的作用。因此,应对装配式混凝土结构施工作业过程实施全面和有效的管理与控制,保证工程质量。

装配式混凝土结构安装施工质量控制主要从施工前的准备、原材料的质量检验与施工试验、施工过程的工序检验、隐蔽工程验收、结构实体检验等多个方面进行。对装配式混凝土结构工程的质量验收有以下要求:

①工程质量验收均应在施工单位自检合格的基础上进行。

②参加工程施工质量验收的各方人员应具备相应的资格。

③检验批的质量应按主控项目和一般项目验收。

④对涉及结构安全、节能、环境保护和主要使用功能的试块、构配件及材料,应在进场时或施工中按规定进行见证检验。

⑤隐蔽工程在隐蔽前应由施工单位通知监理单位验收,并应形成验收文件,验收合格后方可继续施工。

⑥工程的观感质量应由验收人员现场检查,并应共同确认。

1)施工前的准备

装配式混凝土结构施工前,施工单位应准确理解设计图纸的要求,掌握有关技术要求及细部构造,根据工程特点和有关规定,进行结构施工复核及验算,编制装配式混凝土专项施工方案,并进行施工技术交底。

装配式混凝土结构施工前,应由相关单位完成深化设计,并经原设计单位确认,施工单位应根据深化设计图纸对预制构件施工预留和预埋进行检查。

施工现场应具有健全的质量管理体系、相应的施工技术标准、施工质量检验制度和综合施工质量控制考核制度。

应根据装配式混凝土结构工程的管理和施工技术特点,对管理人员及作业人员进行专项培训,严禁未培训上岗及培训不合格上岗。

应根据装配式混凝土结构工程的施工要求,合理选择并配备吊装设备;应根据预制构件存放、安装和连接等要求,确定安装使用的工器具方案。

设备管线、电线、设备机器及建设材料、板类、楼板材料、砂浆、厨房配件等装修材料的水平和垂直起重,应按经修改编制并批准的施工组织设计文件(专项施工方案)具体要求执行。

2)施工过程中的工序检验

对于装配式混凝土建筑,施工过程中主要涉及预制构件安装、后浇区模板与支撑、钢筋、混凝土等分项工程。其中,模板与支撑、钢筋、混凝土的工序检验可参见现浇结构的检验方法。本节重点讲述预制构件安装的工序检验。

①对于工厂生产的预制构件，进场时应检查其质量证明文件和表面标识。预制构件的质量、标识应符合设计要求及现行国家相关标准的规定。

②预制构件安装就位后，连接钢筋、套筒或浆锚的主要传力部位不应出现影响结构性能和构件安装施工的尺寸偏差。对已经出现的影响结构性能的尺寸偏差，应由施工单位提出技术处理方案，并经监理（建设）单位许可后处理。对经过处理的部位，应重新检查验收。

③预制构件安装完成后，外观质量不应有影响结构性能的缺陷。对已经出现的影响结构性能的缺陷，应由施工单位提出技术处理方案，并经监理（建设）单位认可后处理。对经过处理的部位，应重新检查验收。

④预制构件与主体结构之间、预制构件与预制构件之间的钢筋接头应符合设计要求。施工前应对接头施工进行工艺检验。

⑤灌浆套筒进场时，应抽取试件检验外观质量和尺寸偏差，并应抽取套筒采用与之匹配的灌浆料制作对中连接接头，并做抗拉强度检验，检验结果应符合现行行业标准《钢筋机械连接技术规程》（JGJ 107）中Ⅰ级接头对抗拉强度的要求。接头的抗拉强度不应小于连接钢筋抗拉强度标准值，且破坏时应断于接头外钢筋。此外，还应制作不少于 1 组 40 mm×40 mm×160 mm 灌浆料强度试件。

⑥灌浆料进场时，应对其拌合物 30 min 流动度、泌水率及 1 d 强度、28 d 强度、3 h 膨胀率进行检验（图 8.2），检验结果应符合表 4.2 和设计的有关规定。

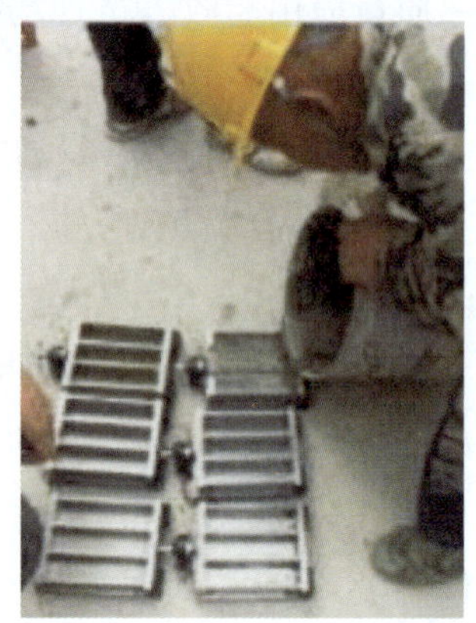

图 8.2 灌浆料流动度检验与试件制作

⑦施工现场灌浆施工中，灌浆料的 28 d 抗压强度应符合设计要求及表 4.2 的规定，用于检验强度的试件应在灌浆地点制作。

⑧后浇连接部分的钢筋品种、级别、规格、数量和间距应符合设计要求。

⑨预制构件外墙板与构件、配件的连接应牢固、可靠。

⑩连接节点的防腐、防锈、防火和防水构造措施应满足设计要求。

⑪承受内力的接头和拼缝，当其混凝土强度未达到设计要求时，不得吊装上一层结构构件。当设计无具体要求时，应在混凝土强度不少于 10 MPa 或具有足够的支撑时，方可吊装上一层结构构件。

⑫已安装完毕的装配式混凝土结构，应在混凝土强度达到设计要求后，方可承受全部

荷载。

⑬装配式混凝土结构预制构件连接接缝处防水材料应符合设计要求，并具有合格证、厂家检测报告及进厂复试报告。

⑭装配式混凝土结构钢筋套筒连接或浆锚搭接连接灌浆应饱满，所有出浆口均应出浆。

⑮装配式混凝土结构安装完毕后，预制构件安装尺寸允许偏差应符合表 8.12 的要求。

表 8.12　预制构件安装尺寸的允许偏差及检验方法

<table>
<tr><th colspan="3">项　目</th><th>允许偏差(mm)</th><th>检验方法</th></tr>
<tr><td rowspan="3">构件中心线对轴线位置</td><td colspan="2">基础</td><td>15</td><td rowspan="3">经纬仪及尺量</td></tr>
<tr><td colspan="2">竖向构件(柱、墙、桁架)</td><td>8</td></tr>
<tr><td colspan="2">水平构件(梁、板)</td><td>5</td></tr>
<tr><td>构件标高</td><td colspan="2">梁、柱、墙、板底面或顶面</td><td>±5</td><td>水准仪或拉线、尺量</td></tr>
<tr><td rowspan="2">构件垂直度</td><td rowspan="2">柱、墙</td><td>≤6 m</td><td>5</td><td rowspan="2">经纬仪或吊线、尺量</td></tr>
<tr><td>>6 m</td><td>10</td></tr>
<tr><td>构件倾斜度</td><td colspan="2">梁、桁架</td><td>5</td><td>经纬仪或吊线、尺量</td></tr>
<tr><td rowspan="5">相邻构件平整度</td><td colspan="2">板端面</td><td>5</td><td rowspan="5">2 m 靠尺和塞尺量测</td></tr>
<tr><td rowspan="2">梁、板底面</td><td>外露</td><td>3</td></tr>
<tr><td>不外露</td><td>5</td></tr>
<tr><td rowspan="2">柱墙侧面</td><td>外露</td><td>5</td></tr>
<tr><td>不外露</td><td>8</td></tr>
<tr><td>构件搁置长度</td><td colspan="2">梁、板</td><td>±10</td><td>尺量</td></tr>
<tr><td>支座、支垫中心位置</td><td colspan="2">板、梁、柱、墙、桁架</td><td>10</td><td>尺量</td></tr>
<tr><td>墙板接缝</td><td colspan="2">宽度</td><td>±5</td><td>尺量</td></tr>
</table>

⑯装配式混凝土结构预制构件的防水节点构造做法应符合设计要求。

⑰建筑节能工程进厂材料和设备的复验报告、项目复试要求，应按有关规范规定执行。

3)隐蔽工程验收

装配式混凝土结构工程应在安装施工及浇筑混凝土前完成下列隐蔽项目的现场验收：

①预制构件与预制构件之间、预制构件与主体结构之间的连接应符合设计要求。

②预制构件与后浇混凝土结构连接处混凝土粗糙面的质量或键槽的数量、位置。

③后浇混凝土中钢筋的牌号、规格、数量、位置。

④钢筋连接方式、接头位置、接头数量、接头面积百分率、搭接长度、锚固方式、锚固长度。

⑤结构预埋件、螺栓连接、预留专业管线的数量与位置。构件安装完成后，在对预制混凝土构件拼缝进行封闭处理前，应对接缝处的防水、防火等构造做法进行现场验收。

4)结构实体检验

根据现行国家标准《建筑工程施工质量验收统一标准》(GB 50300)的规定,在混凝土结构子分部工程验收前应进行结构实体检验。对结构实体进行检验,并不是在子分部工程验收前的重新检验,而是在相应分项工程验收合格的基础上,对涉及结构安全的重要部位进行的验证性检验,其目的是强化混凝土结构的施工质量验收,真实地反映结构混凝土强度、受力钢筋位置、结构位置与尺寸等质量指标,确保结构安全。

对于装配式混凝土结构工程,对涉及混凝土结构安全的有代表性的连接部位及进厂的混凝土预制构件应做结构实体检验。

结构实体检验分现浇和预制两部分,包括混凝土强度、钢筋直径、间距、混凝土保护层厚度以及结构位置与尺寸偏差。当工程合同有约定时,可根据合同确定其他检验项目和相应的检验方法、检验数量、合格条件。

结构实体检验应由监理工程师组织并见证,混凝土强度、钢筋保护层厚度应由具有相应资质的检测机构完成,结构位置与尺寸偏差可由专业检测机构完成,也可由监理单位组织施工单位完成。为保证结构实体检验的可行性、代表性,施工单位应编制结构实体检验专项方案,并经监理单位审核批准后实施。结构实体混凝土同条件养护试件强度检验的方案应在施工前编制,其他检验方案应在检验前编制。

装配式混凝土结构位置与尺寸偏差检验同现浇混凝土结构,混凝土强度、钢筋保护层厚度检验可按下列规定执行:

①连接预制构件的后浇混凝土结构同现浇混凝土结构。

②进场时,不进行结构性能检验的预制构件部位同现浇混凝土结构。

③进场时,按批次进行结构性能检验的预制构件部分可不进行。

混凝土强度检验宜采用同条件养护试块或钻取芯样的方法,也可采用非破损方法检测。

当混凝土强度及钢筋直径、间距、混凝土保护层厚度不满足设计要求时,应委托具有资质的检测机构按现行国家有关标准的规定做检测鉴定。

8.3.4 装配式混凝土结构子分部工程的验收

装配式混凝土建筑项目应按混凝土建筑项目子分部工程进行验收。

1)验收应具备的条件

装配式混凝土结构子分部工程施工质量验收应符合下列规定:

①预制混凝土构件安装及其他有关分项工程施工质量验收合格。

②质量控制资料完整、符合要求。

③观感质量验收合格。

④结构实体验收满足设计或标准要求。

2)验收程序

混凝土分部工程验收应由总监理工程师组织施工单位项目负责人和项目技术、质量负责人进行验收。

当主体结构验收时,设计单位项目负责人、施工单位技术和质量部门负责人应参加。鉴于装配式混凝土建筑工程刚刚兴起,各地区对验收程序提出更严格的要求,要求建设单位组织设计、施工、监理和预制构件生产企业共同验收并形成验收意见,对规范中未包括的验收内容,应组织专家论证验收。

3)验收时应提交的资料

装配式混凝土结构工程验收时应提交以下资料:

①施工图设计文件。

②工程设计单位确认的预制构件深化设计图,设计变更文件。

③装配式混凝土结构工程所用各种材料、连接件及预制混凝土构件的产品合格证书、性能测试报告、进场验收记录和复试报告。

④装配式混凝土工程专项施工方案。

⑤预制构件安装施工验收记录。

⑥钢筋套筒灌浆或钢筋浆锚搭接连接的施工检验记录。

⑦隐蔽工程检查验收文件。

⑧后浇筑节点的混凝土、灌浆料、坐浆材料强度检测报告。

⑨外墙淋水试验、喷水试验记录,卫生间等有防水要求的房间蓄水试验记录。

⑩分项工程验收记录。

⑪装配式混凝土结构实体检验记录。

⑫工程的重大质量问题的处理方案和验收记录。

⑬其他质量保证资料。

4)不合格处理

当装配式混凝土结构子分部工程施工质量不符合要求时,应按下列规定进行处理:

①经返工、返修或更换构件、部件的检验批,应重新进行验收。

②经有资质的检测机构检测鉴定能够达到设计要求的检验批,应予以验收。

③经有资质的检测机构检测鉴定达不到设计要求,但经原设计单位核算并认可能够满足结构安全和使用功能的检验批,可予以验收。

④经返修或加固处理能够满足结构安全使用功能要求的分项工程,可按技术处理方案和协商文件的要求予以验收。

课后习题

1. 影响装配式混凝土结构工程质量的因素有哪些?
2. 预制构件制作所用的模具应满足哪些要求?
3. 预制构件的质量证明文件应包括哪些内容?

第9章　装配式混凝土建筑安全与文明施工

安全生产关系人民群众的生命财产安全,关系着国家的发展和社会稳定。建筑施工安全生产不仅直接关系到建筑企业自身的发展和收益,更是直接关系到人民群众的根本利益,影响构建社会主义和谐社会的大局。装配式混凝土建筑作为建筑行业新的生产方式,必须确保施工安全。这需要建筑行业每一位从业人员的重视和努力。

9.1　安全生产管理体系

在装配式混凝土建筑施工管理中,应始终如一地坚持“安全第一,预防为主,综合治理”的安全生产管理方针,以安全促生产,以安全保目标。

(1)安全生产责任制

工程项目部应建立以项目经理为第一责任人的各级管理人员安全生产责任制。工程项目部应有各工种安全技术操作规程,并应按规定配备专职安全员。工程项目部应制定安全生产资金保障制度,按安全生产资金保障制度编制安全资金使用计划,并按计划实施。

(2)生产(施工)组织设计和专项生产(施工)方案

预制构件生产和施工企业的工程项目部在施工前应编制生产(施工)组织设计,生产(施工)组织设计应针对装配式混凝土建筑工程特点、生产(施工)工艺制订安全技术措施。危险性较大的分部分项工程应按规定编制安全专项施工方案,超过一定规模危险性较大的分部分项工程,施工单位应组织专家对专项施工方案进行论证。

(3)安全技术交底

施工负责人在分派生产任务时,应对相关管理人员、施工作业员进行书面安全技术交底。安全技术交底应实行逐级交底制度。安全技术交底应结合施工作业场所状况、特点、工序,对危险因素、施工方案、规范标准、操作规程和应急措施进行交底。要求内容全面、针对性强,并应考虑施工人员素质等因素。安全技术交底应由交底人、被交底人、专职安全员进行签字确认。

(4)安全检查

工程项目部应建立安全检查制度。安全检查应由项目负责人组织,专职安全员及相关专业人员参加,定期进行并填写检查记录。对检查中发现的事故隐患应下达隐患整改通知单,定人、定时间、定措施进行整改,重大事故隐患整改后,应由相关部门组织复查。

(5)安全教育

工程项目部应建立安全教育培训制度。施工管理人员、专职安全员每年度应进行安全教育培训和考核。当施工人员变换工种或采用新技术、新工艺、新设备、新材料施工时,应进行安全教育培训;对新入场的施工人员,工程项目部应组织进行以国家安全法律法规、企业安全制度、施工现场安全管理规定及各工种安全技术操作规程为主要内容的三级安全教育培训和考核。

(6)应急救援

工程项目部应针对工程特点,进行重大危险源的辨识,应制订防触电、防坍塌、防高处坠落、防起重及机械伤害、防火灾、防物体打击等主要内容的专项应急救援预案,并对施工现场易发生重大安全事故的部位、环节进行监控。施工现场应建立应急救援组织,培训、配备应急救援人员,定期组织员工进行应急救援演练;对难以进行现场演练的预案,可按演练程序和内容采取室内桌牌式模拟演练。按应急救援预案要求,应配备应急救援器材和设备。

(7)持证上岗

从事建筑施工的项目经理、专职安全员和特种作业人员,必须经行业主管部门培训考核合格,取得相应资质证书,方可上岗作业。

装配式混凝土建筑工程项目特种作业,包括灌浆工、塔式起重机司机、起重司索指挥工作人员、电工、物料提升机和外用电梯司机、起重机械拆装作业人员等。

9.2　高处作业防护

高处作业是指在坠落高度基准面2 m及以上有可能坠落的高处进行的作业。高处坠落是建筑工地施工的重大危险源之一,针对高处作业危险源做好防护工作,对保证工程顺利进行、保护作业人员生命安全非常重要。

9.2.1　防护要求

进入现场的人员均必须正确佩戴安全帽。高空作业人员应佩戴安全带,并要高挂低用,系在安全、可靠的地方。现场作业人员应穿好防滑鞋。高空作业人员所携带各种工具、螺栓等应在专用工具袋中放好,在高空传递物品时,应挂好安全绳,不得随便抛掷,以防伤人。吊装时不得在构件上堆放或悬挂零星对象,零星物品应用专用袋子上、下传递,严禁在高空向下抛掷物料。

坠落高度基准面2 m及以上进行临边作业时,应在临空一侧设置防护栏杆,并应采用密目式安全立网或工具式栏板封闭。分层施工的楼梯口、楼梯平台和梯段边,应安装防护栏杆;外设楼梯口、楼梯平台和梯段边还应采用密目式安全立网封闭。施工升降机、龙门架和井架物料提升机等各类垂直运输设备设施与建筑物间设置的通道平台两侧边,应设置防护栏杆、挡脚板,并应采用密目式安全立网或工具式栏板封闭。各类垂直运输接料平台口应设置高度不低于1.80 m的楼层防护门,并应设置防外开装置;多笼井架物料提升机通道中间,应分别设置隔离设施。

雨天和雪天进行高处作业时,必须采取可靠的防滑、防寒和防冻措施。对进行高处作业的高耸建筑物,应事先设置避雷装置。遇有6级或6级以上大风、大雨、大雪等恶劣天气时不得进行高处作业;恶劣天气过后应对高处作业安全设施逐一加以检查,发现有松动、变形、损坏或脱落等现象应立即修理完善。

9.2.2 安全设备

1)安全帽

安全帽是建筑施工现场最重要的安全防护设备之一,可在现场刮碰、物体打击、坠落时有效地保护使用者头部。

为了在发生意外时使安全帽发挥最大的保护作用,现场人员必须正确佩戴安全帽。佩戴前需调节缓冲衬垫的松紧,保证头部与帽顶内侧有足够的撞击缓冲空间。此外,佩戴安全帽必须系紧下颚带,不准将安全帽歪戴于脑后,留长发的作业人员须将长发卷进安全帽内。现场的安全帽应有专人负责,定期检查安全帽质量,不符合要求的安全帽不应作为防护用品使用(图9.1)。

图9.1 安全帽

2)安全带

安全带是高处作业工人预防坠落伤亡事故的个人防护用品,被广大建筑工人誉为救命带(图9.2)。高处作业工人必须正确佩戴安全带。佩戴前应认真检查安全带的质量,有严重磨损、开丝、断绳股或缺少部件的安全带不得使用。佩戴时应将钩、环挂牢,卡子扣紧。安全带应垂直悬挂,不得高挂低用,应将钩挂在牢固物体上,并避开尖刺物、远离明火。高处作业时严禁工人只佩不挂安全带。

3)建筑工作服

建筑工人进行现场施工作业时应穿着建筑工作服(图9.3)。建筑工作服一般来说具有耐磨、耐穿、吸汗、透气等特点,适合现场作业。特殊工种的工作服还会有防火、耐高温、防辐射等作用。建筑工作服多为蓝色、灰色、橘色等显眼的颜色,可更好地起到安全警示作用。

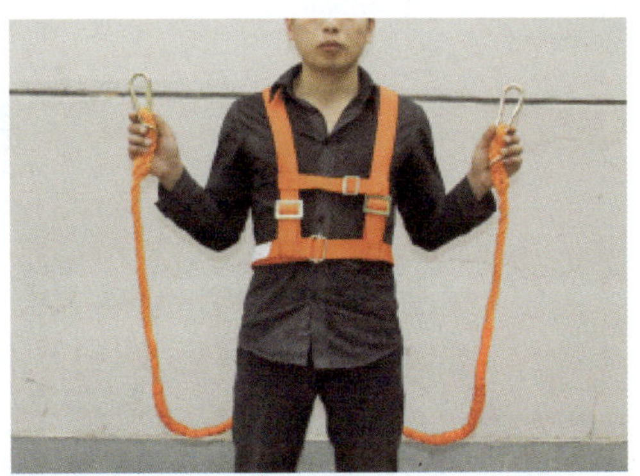

图9.2　安全带

图9.3　建筑工作服

4）建筑外防护设施

装配式混凝土建筑虽然由于普及夹心保温外墙板，免去了外墙外保温、抹灰等大量外立面作业，但仍然存在板缝防水打胶、涂料等少量的外立面作业内容。因此，装配式混凝土建筑施工企业应酌情支设建筑外防护设施。目前常用的建筑外防护设施有外挂三角防护架和建筑吊篮等。

楼层围扩栏拆除流程

（1）外挂三角防护架

高层项目的施工需搭设外脚手架，并且做严密的防护。而装配整体式高层建筑由于外立面施工作业内容少，故多采用外挂三角防护架，可安全、实用地满足施工要求（图9.4）。

（2）建筑吊篮

建筑吊篮是一种悬空提升载人机具，可为外墙外立面作业提供操作平台（图9.5）。吊篮操作人员必须经过培训，考核合格后取得有效资格证方可上岗操作，使用时必须遵守安全操作要求。吊篮必须由指定人员操作，严禁未经培训人员或未经主管人员同意擅自操作吊篮。作业人员作业时需佩戴安全帽和安全带，穿防滑鞋，不得在酒后、过度疲劳、情绪异常时上岗作业。作业时严禁在悬吊平台内使用梯子、搁板等攀高工具或在悬吊平台外另设吊具进行作业。作业人员必须在地面进出吊篮，不得在空中攀缘窗户进出吊篮，严禁在悬空状态下从一悬吊平台攀入另一悬吊平台。

图 9.4　外挂三角防护架

图 9.5　建筑吊篮在装配式建筑上的应用

9.3　临时用电安全

建筑施工用电是专为建筑施工工地提供电力并用于现场施工的用电。由于这种用电是随着建筑工程的施工而进行的，并且随着建筑工程的竣工而结束，所以建筑施工用电属于临时用电。

临时用电设备在 5 台及以上或设备总容量在 50 kW 及以上者，应编制临时用电施工组织设计；临时用电设备在 5 台以下和设备总容量在 50 kW 以下者，应制订安全用电技术措施及电气防火措施。

施工现场临时用电设备和线路的安装、巡检、维修或拆除等工作必须由专业电工完成，并应有人监护。电工必须经过国家现行标准考核，合格后才能持证上岗工作。其他用电人员必须通过相关职业健康安全教育培训和安全交底，考核合格后方可上岗作业。

装配式混凝土建筑施工工地临时用电系统宜采用三相五线、保护接零的 TN-S 系统。工作接地电阻不得大于 4 Ω，重复接地电阻不得大于 10 Ω。施工现场起重机、施工升降机等大型用电设备应按规范要求采取防雷措施，防雷装置的冲击接地电阻值不得大于 30 Ω。

装配式混凝土建筑施工工地临时用电系统应采用三级配电、二级漏电保护系统(图9.6),必要时可采用三级配电三级漏电保护系统。用电设备实行“一机、一闸、一漏、一箱”,进、出线口在箱体下部,严禁门前门后出线。

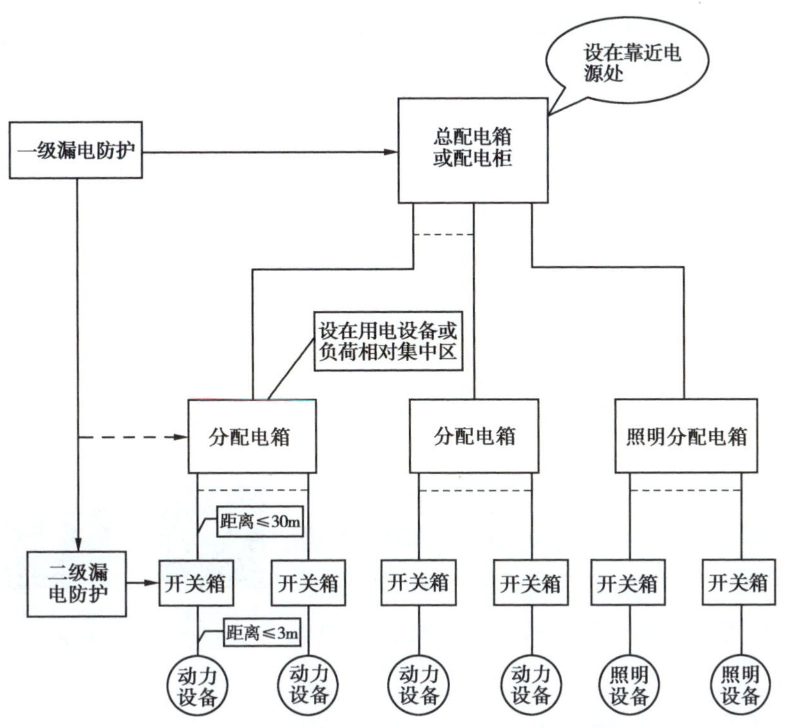

图9.6　三级配电、二级漏电保护系统示意图

配电箱、开关箱应装设在干燥、通风及常温场所。配电箱、开关箱安装要端正、牢固。固定式配电箱、开关箱的中心点与地面的垂直距离应为1.4～1.6 m。移动式分配电箱、开关箱应设在坚固、稳定的支架上。其中心点与地面的垂直距离应为0.8～1.6 m。配电箱、开关箱周围应有足够两人同时工作的空间和通道,其周围不得堆放任何有碍操作、维修的物品,不得有灌木、杂草。配电箱、开关箱外形结构应能防雨、防尘(图9.7)。

图9.7　配电箱

现场各种电线插头、开关均设在开关箱内,停电后必须拉下电闸。各种用电设备必须有良好的接地、接零。对于现场用手持电动工具,应在安全电压下工作,且必须有漏电保护器。操作者必须戴绝缘手套,穿绝缘鞋;不要站在潮湿的地方使用电动工具或设备。

总配电箱应设置在靠近电源区域,分配电箱应设置在用电设备或负荷相对集中的区域,分配电箱与开关箱的距离不得超过 30 m。动力配电箱与照明配电箱宜分别设置,如设置在同一配电箱内,动力和照明线路应分路设置,照明线路接线宜接在动力开关的上侧。

临时用电工程安装完毕后,由基层安全部门组织验收。参加人员有主管临时用电安全的领导和技术人员,施工现场主管,编制临电设计者,电工及安全员。检查内容包括配电线路、各种配电箱、开关箱、电器设备安装、设备调试、接地电阻测试记录等,并做好记录,参加人员签字。

9.4 起重吊装安全

装配式混凝土建筑施工过程中,起重作业一般包括两种:一种是与主体有关的预制混凝土构件和模板、钢筋及临时构件的水平和垂直起重;另一种是设备管线、电线、设备机器及建设材料、板类、楼板材料、砂浆、厨房配件等装修材料的水平和垂直起重。装配式混凝土建筑起重吊装作业的重点和难点是预制混凝土构件的吊装安装作业(图 9.8)。

构件堆放及安全防护

外墙吊装过程防碰撞

楼梯吊装过程防碰撞

图 9.8 混凝土构件吊装

9.4.1 起重吊装设备的选用

装配式混凝土建筑工程应根据施工要求,合理选择并配备起重吊装设备。一般来说,由于装配式混凝土建筑工程起重吊装工作任务多,且构件自重大,吊装难度大,故多采用塔式起重机进行吊装作业。对于底、多层建筑,当条件允许时也可采用汽车起重机。

选择吊装主体结构预制构件的起重机械时,应重点考虑以下因素:

①起重量、作业半径、起重力矩应满足最大预制构件组装作业要求。

塔式起重机的型号决定了塔式起重机的臂长幅度,布置塔式起重机时,塔臂应覆盖堆场构件,避免出现覆盖盲区,减少预制构件的二次搬运。对含有主楼、裙房的高层建筑,塔臂应全面覆盖主体结构部分和堆场构件存放位置,裙楼力求塔臂全部覆盖(图9.9)。当出现难以解决的楼边覆盖时,可考虑采用临时租用汽车起重机解决裙房边角垂直运输问题,不宜盲目加大塔机型号,应认真进行技术经济比较分析后确定方案。

图9.9 装配式建筑施工现场塔式起重机布设

在塔式起重机的选型中应结合塔式起重机的尺寸及起重量的特点,重点考虑工程施工过程中最重的预制构件对塔式起重机吊运能力的要求。应根据其存放的位置、吊运的部位、与塔中心的距离,确定该塔式起重机是否具备相应的起重能力。确定塔式起重机方案时应留有余地,一般实际起重力矩在额定起重力矩的75%以下。

②塔式起重机应具有安装和拆卸空间,轮式或履带式起重设备应具有移动式作业空间和拆卸空间,起重机械的提升或下降速度应满足预制构件的安装和调整要求。塔式起重机应结合施工现场环境合理定位。当群塔施工时,两台塔式起重机的水平吊臂间的安全距离应大于2 m,一台塔式起重机的水平吊臂和另一台塔式起重机的塔身的安全距离也应大于2 m。

③选择起重吊装设备还要考虑主体工程施工进度起重机的租赁费用、组装与拆卸费用等因素。

9.4.2 起重吊具的选择

施工作业使用的专用吊具、吊索、定型工具式支撑、支架等,应进行安全验算,使用中进行定期、不定期检查,确保其安全状态。

起重吊具应按现行国家相关标准的有关规定进行设计验算或试验检验，经验证合格后方可使用。应根据预制构件的形状、尺寸及重量要求选择适宜的吊具，在吊装过程中，吊索水平夹角不宜小于60°，不应小于45°。尺寸较大或形状复杂的预制构件应选择设置分配梁或分配桁架的吊具，并应保证吊车主钩位置、吊具及构件重心在竖直方向重合。

吊具、吊索的使用应符合施工安装的安全规定。预制构件起吊时的吊点合力应与构件重心重合。宜采用标准吊具均衡起吊就位。吊具可采用预埋吊环或埋置式接驳器的形式。专用内埋式螺母或内埋吊杆及配套的吊具，应根据相应的产品标准和应用技术规定选用。

预制混凝土构件吊点应提前设计好，根据预留吊点选择相应的吊具。在起吊构件时，为了使构件稳定，不出现摇摆、倾斜、转动、翻倒等现象，应选择合适的吊具。无论采用几点吊装，始终要使吊钩和吊具的连接点的垂线通过被吊构件的重心，它直接关系到吊装结果和操作的安全性。

吊具的选择必须保证被吊构件不变形、不损坏，起吊后不转动、不倾斜、不翻倒。吊具的选择应根据被吊构件的结构、形状、体积、重量、预留吊点以及吊装的要求，结合现场作业条件，确定合适的吊具。吊具选择必须保证吊索受力均匀。

各承载吊索间的夹角一般不应大于60°。其合力作用点必须保证与被吊构件的重心在同一条铅垂线上，保证吊运过程中吊钩与被吊构件的重心在同一条铅垂线上。在说明中提供吊装图的构件，应按吊装图进行吊装。在异形构件装配时，可采用辅助吊点配合简易吊具调节物体所需位置的吊装法。

当构件无设计吊钩(点)时，应通过计算确定绑扎点的位置。绑扎的方法应保证起吊过程安全可靠和摘钩简便。

9.4.3　起重吊装安全管理

塔式起重机司机定期进行身体检查，凡有不适合登高作业者，不得担任司机；应该配有足够的司机，以适应“三班制”施工的需要；严禁司机带病上岗和酒后工作；非司机人员不能擅自进入驾驶室。

塔式起重机日常管理应贯彻“人机固定”原则，实行定机、定人、定岗位责任的“三定”制度。操作人员必须认真执行各项规章制度，严格遵守操作规程，防止出现安全质量事故。

新制或大修出厂及塔式起重机拆卸重新组装后，均应进行检验，吊高限位器、力矩限位器必须灵活、可靠，吊钩、钢丝绳保险装置应完整、有效；零部件齐全，润滑系统正常；电缆、电线无破损或外裸，不脱钩、无松绳现象。经有关部门验收合格后，塔式起重机方可正式投入使用。经验收合格的塔式起重机应设立安全验收标牌。

吊装时吊机应有专人指挥，指挥人员应位于吊机司机视力所及地点，应能清楚地看到吊装的全过程，起重工指挥手势要准确无误，哨音要明亮，吊机司机要精力集中，服从指挥，并不得擅自离开工作岗位。

起重机的工作环境温度为-20～+40 ℃，风速不应大于5级。如遇5级以上大风、暴雨、浓雾、雷暴等恶劣天气，不得进行起吊作业。夜间作业应有充足的照明。起重设备不允许在斜坡道上工作,不允许起重机两边高低相差太多。

构件绑扎必须牢固。对于体积庞大或形状复杂的构件,应设溜绳固定。构件应采用垂直吊运,严禁采用斜拉、斜吊,杜绝与其他物体的碰撞或钢丝绳被拉断的事故。起吊构件时,速度不能太快。起吊离地3 m左右后应暂停起升,待检查安全稳妥后继续起吊。一次宜进行一个动作,待前一动作结束后,再进行下一动作。吊运过程应平稳,不应有大幅摆动,不应突然制动。在吊装回转、俯仰吊臂、起落吊钩等动作前,应鸣声示意。回转未停稳前,不得做反向操作。起重机停止作业时,应刹住回转及行走机构。吊装过程中吊起的构件不得长时间悬在空中,应采取措施将重物降落到安全位置;构件就位或固定前,不得解开吊装索具,以防构件坠落伤人。构件吊装就位后,应经初校和临时固定或连接可靠后方可以卸钩,待稳定后方可拆除固定工具和其他稳定装置。

吊装工作区应有明显标志,并设专人警戒,非吊装现场作业人员严禁入内。起重机工作时,起重臂下严禁站人。吊运预制构件时,构件下方严禁站人,应待预制构件降落至距地面1 m以内方准作业人员靠近。同时,避免人员在吊车起重臂回转半径内停留。吊装时,高空作业人员应站在操作平台、吊篮、梯子上作业,严禁在未加固的构件上行走;人手脚须远离移动重物及起吊设备,吊物和吊具下不可站人。

9.5 现场防火

1)管理制度

施工现场的防火工作,必须认真贯彻“预防为主,防消结合”的方针,立足于自防自救。施工企业应建立健全岗位防火责任制,实行“谁主管谁负责”原则,并落实层级消防责任制,落实各级防火负责人,各负其责。施工现场必须成立防火领导小组,由防火负责人任组长,定期开展防火安全工作。单位应对职工进行经常性的防火宣传教育,普及消防知识,增强消防观念。

2)现场作业防火要求

施工现场应严格执行动火审批程序和制度。动火操作前必须提出申请,经单位领导同意及消防或安全技术部门检查批准后,领取动火证,再进行动火作业。变更动火地点和超过动火证有效时限的动火作业需重新申请动火证。

现场进行电焊、气焊、气割等作业时,操作人员必须具备相应的操作资格和能力。操作前应对现场易燃可燃物进行清除,并应注意用电安全和氧气瓶、乙炔瓶与明火点间的距离应符合要求。作业时应留有看火人员监视现场安全。

应根据构件材料的耐火性能特点合理选择施工工艺。例如,夹心保温外墙板的保温层材料普遍防火性能较差,故夹心保温外墙板后浇混凝土连接节点区域的钢筋不得采用焊接连接,以免钢筋焊接作业时产生的火花引燃或损坏夹心保温外墙板中的保温层。

3）材料存储防火要求

施工现场应有专用的物品存放仓库，不得将在建工程当作仓库使用。严禁在库房内兼设办公室、休息室或更衣室、值班室以及进行各种加工作业等。

仓库内的物品应分类堆放，并保证不同性质物品间的安全距离。库房内严禁吸烟和使用明火。应根据物品的耐火性质确定库房内照明器具的功率，一般不宜超过60 W。仓库应保持通风良好，地面清洁，管理员应对仓库进行定期和不定期的巡查，并做到人走则断电锁门。

4）防火规划与设施

施工现场必须设置临时消防车道，其宽度不得小于3.5 m，并保持临时消防车道的畅通。消防车道应环状闭合或在尽头有满足要求的回车场。消防车道的地面必须作硬化处理，保证能够满足消防车通行的要求。

施工现场应按要求设置消防器材，包含灭火器、灭火沙箱等（图9.10）。器材和设施的规格、数量和布局应满足要求。

图9.10 消防器材

9.6 文明施工

文明施工是指保持施工场地整洁卫生，施工组织科学，施工程序合理的一种施工活动。装配式混凝土建筑施工工地应达到文明施工的要求。施工单位文明施工是安全生产的重要组成部分，是社会发展对建筑行业提出的新要求。作为装配式混凝土建筑的施工工地，应该扎实地贯彻文明施工的要求。

1）现场围挡

施工现场应设置围挡，围挡的设置必须沿工地四周连续进行，不能有缺口。市区主要路段的工地应设置高度不低于2.5 m的封闭围挡；一般路段的工地应设置高度不低于1.8 m的封闭围挡。围挡要坚固、稳定、整洁、美观（图9.11）。

2）封闭管理

施工现场进出口应设置大门，并应设置门卫值班室（图9.12）。值班室应配备门卫值守人员,建立门卫值守制度。施工人员进入施工现场应佩戴工作卡,非施工人员需验明证件并登记后方可进入。施工现场出入口应标有企业名称或标识,大门处应设置公示标牌“五牌一图”,标牌应规范整齐,施工现场应有安全标语、宣传栏、读报栏、黑板报。

图9.11 现场围挡

图9.12 工地大门

3)施工场地

施工现场道路应畅通,路面应平整坚实,主要道路及材料加工区地面应进行硬化处理(图9.13)。施工现场应有防止扬尘措施和排水设施。施工现场应加强对废水、污水的管理,现场应设置污水池和排水沟。废水、废弃涂料、胶料应统一处理,严禁未经处理直接排入下水管道。施工现场应设置专门的吸烟处,严禁随意吸烟;建议在施工场地内做绿化布置。

图9.13 场内道路

4)材料堆放

建筑材料、构件、料具要按总平面布置图的布局,分门别类,堆放整齐,并挂牌标名。“工完料净场地清”,建筑垃圾也要分出类别,堆放整齐,挂牌标出名称。易燃易爆物品分类存放,专人保管。

5)现场办公与住宿

施工作业、材料存放区与办公、生活区应划分清晰,并应采取相应的隔离措施。在建工程内、伙房、库房不得兼作宿舍;宿舍应设置可开启式窗户,床铺不得超过2层,通道宽度不应小于0.9 m;住宿人员人均面积不应小于2.5 m^2,且不得超过16人;冬季宿舍应有采暖和防一氧化碳中毒措施。

6)治安综合治理

生活区内要为工人设置学习、娱乐场所。要建立健全治安保卫制度和治安防范措施,并将责任分解到人,杜绝发生失盗事件。

7)生活设施

施工现场要建立卫生责任制,食堂要干净卫生,炊事人员要有健康证。要保证供应卫生饮水,为职工设置淋浴室、符合卫生标准的厕所,生活垃圾装入容器,及时清理,设专人负责(图9.14)。

图9.14　工地厕所

8)保健急救

施工现场要有经过培训的急救人员,要有急救器材和药品,制订有效的急救措施,开展卫生宣传教育活动。

9)社区服务

夜间施工时,应防止光污染对周边居民的影响。现场施工产生的废弃物等应进行分类回收。施工中产生的胶黏剂、稀释剂等易燃易爆废弃物应及时收集至指定储存器内并按规定回收,严禁丢弃未经处理的废弃物。施工现场应采用控制噪声的措施。

课后习题

1. 装配式混凝土建筑安全生产管理体系有哪些内涵?
2. 装配式混凝土建筑施工现场有哪些防火要求?
3. 装配式混凝土项目文明施工的具体要求有哪些?

第 10 章　装配式混凝土建筑人才培养

10.1　目前存在的问题

1)顶层设计

目前中国装配式建筑顶层设计来源于万科与榆构合作的结合日本抗震设计的等同现浇的装配式体系,等同现浇体系必然存在大量露筋、甩筋。

国内装配式构件自动化生产线多引进德国设备和技术体系,德国构件生产技术体系中构件甩筋少、外露少,模具易标准化、自动化,此体系对于国内等同现浇有大量甩筋的体系适用的生产构件类型有限,因此多以生产叠合板、内墙板等为主,目前利用率和效率不高。

在政策上,中国目前学习新加坡的组屋机制,政府要求承包商完成一定比例的装配式建筑,这种情况下便诞生了中国特有的以剪力墙灌浆套筒体系为主要形式的中国装配式体系。

2)设计深化

传统设计院较难承接装配式项目的深化设计工作,原因主要有:

①深化设计相对传统设计,要到构件层次,图纸工作量要增加 2 ~3 倍,这还只是工作量和经济方面的问题。

②关键问题是做深化设计需要考虑生产加工因素、运输因素、现场施工吊装问题,这些问题恰恰是从院校、研究所直接到设计院的设计者较难考虑到的问题。

③需要设计人员有多年装配式构件生产和施工经验,考虑诸多现场问题,方能做深化设计。比如空调通风系统的现场深化设计,不需要结构设计、受力验算分析,但一定要有现场的构件生产和现场施工经验的积累。

④目前专业做深化设计的公司全国才 10 余家。随着装配项目的增多、装配量的增大,显然对人才的需求量非常大。

3)构件生产

构件生产当前最大的问题是模具的标准化、可复用化。目前大量模具的重复使用率特别低。一个项目结束,该项目的模具都会按照废铁价格统一处理,没有可复用性。墙板均为出筋、甩筋设计,每个项目均不同,钢筋粗细不同、间距不同,自然而然模具复用率低。

自动生产线多引进国外生产线,实际使用效率不高。

4)装配施工

目前全国各地装配式做法及装配率各不相同,呈现百花齐放状态,没有成熟固定的做法，都在摸索中不断地总结经验。

行业工人的培训需求旺盛，但相对传统施工，人员需求量大幅减少，施工操作难度也在逐步降低。将来毕业的学生会有很大一部分被分流到生产构件厂。

5）总结归纳

①缺乏完整统一的标准化体系，标准化建设工作有待推进，包括设计技术标准、施工技术标准、构件生产标准、运输标准、现场吊装标准、成本计量标准等。

②各地政策和技术标准不统一，发展差异性大。

③目前装配式建筑整体占有率仅5%，且各种装配形式和各种方案并存，大家仍在探索适合自己的模式。

④目前行业整体仍处于初级阶段，设计、生产、施工、成本等环节都在磨合和寻找解决方案。

⑤设计二维、三维并存，二维仍占多数，BIM技术在装配设计、生产、施工等环节大有可为。

⑥生产企业大多数仍比较传统，需要信息化转型，需要配套的场区管理系统、进出库管理系统、物流追踪系统等，自动化生产线需要本土化。

⑦设计、生产、施工沟通协调不顺，装配式建筑中EPC模式是大势所趋，设计、生产、施工一体化势在必行。这时设计阶段将显得尤为重要，设计方案也将起关键作用，从BIM设计开始的设计、生产、施工的协同将会发挥更大作用。

⑧装配式的专业人才培养跟不上行业发展需要。拆分设计、深化设计、模具设计、现场施工需求是装配式人才需求的高度集中点；BIM技术具备天然的三维建模信息化优势，传统的CAD画图出图难以满足装配量及装配率逐步提升的行业需求。EPC模式可有效打破各单位之间的沟通和技术壁垒，装配式+BIM+EPC是行业未来发展趋势。

对于装配式人才的培养，要先落地于认知层次的培养，掌握相关的装配式识图与生产、施工工艺工法，重点掌握企业关注的行业应用技能，聚焦BIM应用、拆分设计、深化设计，为未来装配式人才储备核心竞争力。

10.2 专业建设背景

近年来，我国住宅建筑飞速发展，其建造和使用对资源的占用和消耗都非常大。与发达国家相比，存在住宅建造周期长、施工质量差、能源及原材料消耗大、产业化程度尤其是工业化程度低等问题，迫切需要采取工业化手段来提高住宅建设的质量和效率。

住宅产业化是指用工业化生产的方式来建造住宅，是机械化程度不高和粗放式生产的生产方式升级换代的必然要求。建筑的工业化是实现住宅产业化的必经途径，只有通过现代化的制造、运输、安装和科学管理的大工业化生产方式，才能代替传统建筑业中分散的、低水平的、低效率的手工业生产方式。实现建筑工业化就是以技术为先导，采用先进、适用的技术和装备，在建筑标准化的基础上，发展建筑构配件、制品和设备的生产，培育技术服务体系和市场的中介机构,使建筑业生产、经营活动逐步走上专业化、社会化道路。

通过我国几十年来建筑工业化的历史经验,以及吸收国外的有益经验和做法,我国住宅产业现代化进入了一个新的发展阶段,也为我国住宅产业化带来了前所未有的发展机遇:

①国家“十二五”规划的战略发展要求为住宅产业化突破发展提供了契机。“十二五”期间是我国经济发展方式转变、产业结构调整,向现代工业化迈进的攻坚时期。实现住宅产业现代化,就是转变发展方式,走新型工业化道路,符合建设领域落实科学发展的具体要求。在此大背景下,推进住宅产业现代化事关大局、恰逢其时、大有可为。

②大规模保障性住房建设为住宅产业发展带来了广阔的市场。保障性住房以政府投资建设为主,具有套型面积小、建筑设计相对简单等特点,易于标准化和工业化生产。2011年全国保障性住房建设目标1000万套,“十二五”期间建设总量达到3600万套,如此大规模的建设,为住宅产业化发展提供了广阔的市场。

③人口红利的淡出为加快推进住宅产业化提供了内驱动力。一直以来,以农民工现场手工操作为主的低人工成本、粗放型的住宅建造方式制约着住宅产业化的发展。然而,近期以来,建筑业开始面临着劳动力成本上升、劳动力与技工严重短缺的现实,无限的劳动力市场已经变成有限的劳动力市场,原来依靠农民工廉价劳动力的生产方式已难以为继。改变这一状况的根本出路在于走新型工业化道路,实现产业升级。因此,推进住宅产业现代化已成为大小企业自身发展的迫切需求,成为企业技术创新和转型升级的内在动力。

总之,无论是宏观的政策环境、市场条件,还是企业发展的内在需求,均已构成了住宅产业化发展的有利因素,可谓天时、地利、人和均在,这对于一个产业的发展来说,可谓千载难逢。抓住机遇,实现大发展,是全体住宅产业化践行者的共同责任。

10.3 人才需求

要实现国家建筑产业现代化,管理型、技术型及复合型人才的培养与储备是其得以健康持续发展的重要保障和关键因素。现在建筑产业已成为建筑业发展的潮流趋势,但产业发展滞后的关键原因之一在于专业技术型人才的短缺,高校作为专业人才的输出地,到了需要结合行业前沿和生产实践,传授先进的专业技术知识的时候了。据推算,我国新型现代建筑产业发展需求的专业技术人才已至少紧缺近100万人,各岗位的需求情况见表10.1。

表10.1 我国新型现代化建筑产业人才需求

序号	岗 位	非常需要	需要	一般需要	不需要	无所谓
1	预制装配式施工技术岗位	34%	55%	6%	2%	3%
2	预制装配式结构二次设计岗位	35%	50%	9%	2%	4%
3	预制装配式结构预算岗位	39%	43%	10%	6%	2%
4	构件生产质量控制岗位	29%	42%	15%	5%	9%
5	档案管理岗位	25%	43%	12%	9%	11%

对于建筑产业现代化企业来说，在企业快速发展时，人才保障非常关键。但由于现代建筑工业与住宅产业化是一个新行业，不同于传统的土建行业和构件生产行业，所以现代建筑工业化企业比起单纯的制造厂或建筑公司更特殊，更难管理，也更具风险。单纯从工民建专业进入现代建筑工业化行业的毕业生，一开始都难以适应现代建筑工业化的技术工作，还需要经过较长时间的磨合与再学习，才能较好地开展工作。工民建专业的人员缺少建筑部品生产工艺知识，作出的细化图不符合工艺要求，而预制构件专业的人员则缺少建筑构造和建筑力学的基本知识，虽然对部品的生产很清楚，但是对总装形成的整体建筑缺乏了解。由于将现代建筑工业与住宅产业化纳入土建系统，而建筑工业化与土建又有着较大差异，造成培养出来的人员不能适应相应工作，项目经理也不能胜任预制装配式工程的管理。总而言之，目前高校尚不能给企业提供对口人才，企业只能择优录取后进行人才再培养。这对现代建筑工业与住宅产业化行业的人才储备和成长发展带来了极大障碍。如果能在高等院校中直接培养这两方面结合得很好的人才，就会逐步解决建筑工业化行业人才短缺的问题。

建筑产业现代化发展的最终目标是形成完整的产业链。投资融资、设计开发、技术革新、运输装配、销售物业等环节共同构成了一条产业链。独木不成林，整个产业链与高校的协作配合也是人才培养的关键。通过协作培养优秀专职、兼职教师队伍，制订培养规划、设计培养路线、把握学习培养机制、调整和优化专业结构、开发精品教材等，来逐步开展产业链上不同类型人才的培养。特别是要结合重要工程、重大课题来培养和锻炼师资队伍，通过学术交流、合作研发、联合攻关、提供咨询等形式，走出去、请进来，加强优化教师梯队建设，缓解当前产业高歌猛进，人才缺口成“拦路虎”的局面，也有利于解决短期人才培训和长期人才培养、储备的矛盾。

培养建筑产业现代化复合型人才是一个复杂的系统工程，需要众多要素的协调和配合，要注意面向建筑产业发展的需求，深化产学研合作，构建教学、科研、企业三位一体的教育格局。十年树木，百年树人。面临当前建筑产业现代化人才短缺的窘境，必须遵循人才培养与成长的规律，逐步推进，构建合理有效的建筑产业现代化复合型人才培养体系，把握好当前人才短缺与长期人才培养储备的平衡，为促进国家建筑产业现代化的健康、良性发展贡献力量。

10.4 人才培养（扫下方二维码阅读）

人才培养

10.5 建议解决方案

①高校应当针对装配式建筑目前所处的阶段,首先重点解决对行业认知层面的问题,认识行业、普及认识、正视问题及矛盾。

②认知领域——掌握最基本的识图、生产、施工工艺工法,不管将来从事装配式建筑什么岗位工作,识图和生产、施工工艺是必须要掌握的最基本的能力。以单项目管理模式的传统现浇工程正在转化为像造冰箱、汽车一样的流水线模式,因此需要普及与工业制造管理相关的知识。

③将来就业的学生一部分要走向施工单位,所以需要具备施工进度、场地管理、施工信息化管理、装配式建筑预算造价等工作技能。

④另外一部分学生会进入构件生产厂,其中构件深化设计、模具翻模设计是需求量非常大的两个领域。但目前信息化手段不足,信息化应用程度不高,仍靠传统的二维 CAD 设计加上多年的工作经验积累才能胜任,因此效率非常低。随着装配项目的增多,此方面满足不了社会的需求。

⑤BIM 技术具有天然的技术优势,如果学生能及早掌握拆分设计、深化设计、模具设计、碰撞检测等相关应用技能,在工作 2 ~3 年后便可在行业的应用难点领域寻求到突破口。

⑥装配式建筑的发展与 BIM 技术的应用息息相关,未来装配式建筑关键节点的突破离不开 BIM 技术的应用与创新。

⑦BIM 技术在装配式建筑上的应用,正是 BIM 在高校建筑类专业落地应用之处。

⑧装配式建筑处在初期快速发展阶段,技术更新迭代较快,学校考虑实训教学建设方案时应当避重就轻,避实就虚,便于后期调整与更新迭代。

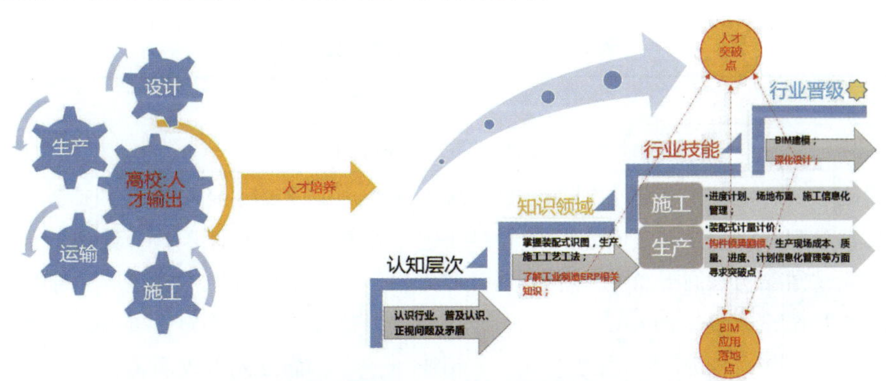

装配式建筑人才培养整体解决方案

附　录

表1　职业岗位的职业能力要求和课程开设

职业岗位	职业能力	开设课程
绘图员	熟练识读图纸,熟悉各类构件构造与材料要求; 熟悉构件生产工艺、运输条件限制、吊装要求等; 熟练掌握装配式结构深化设计软件等	装配式混凝土结构工程识图与深化设计、装配式混凝土结构施工、装配式建筑 BIM 应用技术
构件生产技术员	了解装配式混凝土结构工程施工前的准备工作; 掌握主要构件的吊装施工工艺及相关知识; 熟悉水电安装的相关知识	装配式混凝土结构工程识图与深化设计、装配式混凝土建筑构件生产
施工员	施工生产前的准备工作; 施工机械的选用和准备; 预制混凝土构件现场安装技术措施与控制能力; 安全用电管理能力; 现场安全文明施工和环境保护管理能力; 施工安全事故应急救援能力	装配式混凝土结构工程识图与深化设计、装配式混凝土建筑构件生产、装配式混凝土结构施工

表2　专业人才培养目标能力分解

专业人才培养目标能力分解																				
擅识图				能设计					精施工						懂管理					
建施图识读能力	结施图识读能力	设施图识读能力	预制装配式结构图识读能力	传统现浇结构设计能力	施工安全设施设计能力	工程计量计价能力	编制施工组织设计能力	深化设计能力	建筑材料选用能力	施工工艺和方法选用能力	主要工种操作能力	施工机械选用能力	主要构件工厂生产能力	主要构件现场施工能力	竣工验收与资料管理能力	施工质量进度管理能力	安全施工管理能力	工程合同管理能力	施工成本管理能力	BIM信息化管理能力

参考文献

[1] 中国建筑标准设计研究院有限公司. GB/T 51231—2016 装配式混凝土建筑技术标准[S]. 北京:中国建筑工业出版社,2017.

[2] 中国建筑标准设计研究院有限公司. JGJ 1—2014 装配式混凝土结构技术规程[S]. 北京:中国建筑工业出版社,2014.

[3] 住房和城乡建设部科技与产业化发展中心. GB/T 51129—2017 装配式建筑评价标准[S]. 北京:中国建筑工业出版社,2018.

[4] 中国建筑科学研究院. JGJ 355—2015 钢筋套筒灌浆连接应用技术规程[S]. 北京:中国建筑工业出版社,2015.

[5] 中国建筑标准设计研究院有限公司. 装配式建筑系列标准应用实施指南:装配式混凝土结构建筑[M]. 北京:中国计划出版社,2016.

[6] 赵勇. 装配式混凝土结构关键施工技术与验收标准[S]. 沈阳:装配式建筑技术师资培训,2017.

[7] 田春雨. 装配式建筑体系及研究进展简介[R]. 沈阳:装配式建筑技术师资培训,2017.

[8] 张建国. 我国建筑产业现代化技术变革研究[R]. 沈阳:辽宁省高(中)等职业院校建筑工程装配式施工应用技术骨干教师培训,2017.